Ulrich Berger

Rat und Hilfe für die
Bandscheiben

Rückenschmerzen gezielt vorbeugen und behandeln
Übungsprogramm für schmerzfreie Beweglichkeit • Selbsthilfetipps

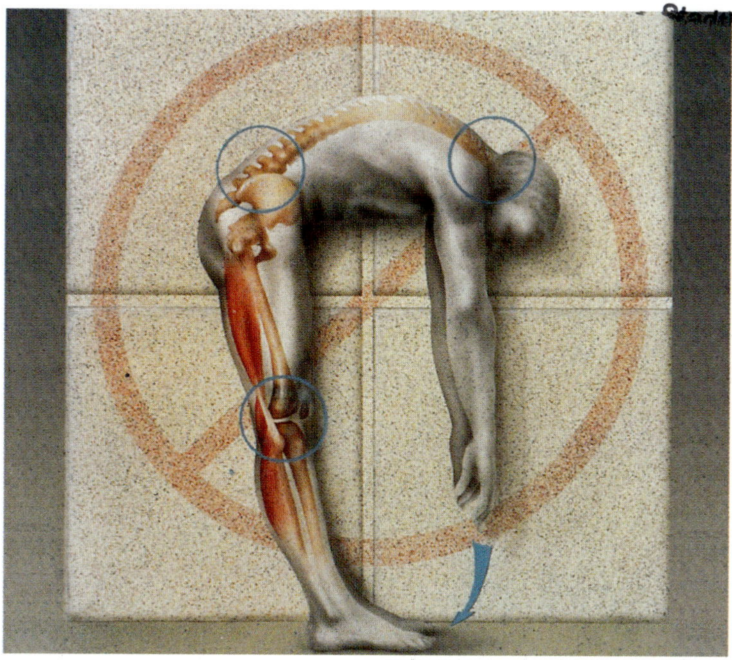

SÜDWEST

Inhalt

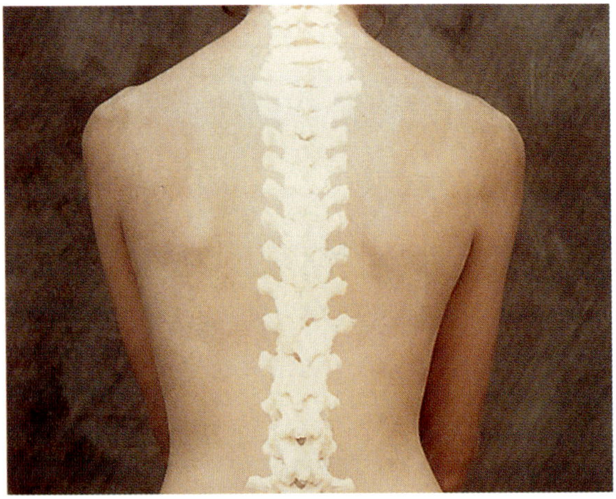

Rückenschmerzen sind die häufigste Ursache für einen Arztbesuch.

Das Fitnessband unterstützt die Wirkung der Rückengymnastik gezielt.

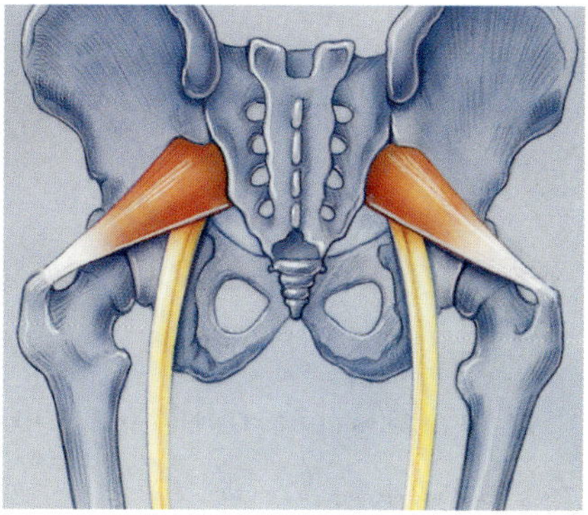

Reizungen des Ischiasnervs können Schmerzen bis in die Beine verursachen.

Gezielte Übungen stärken die häufig vernachlässigte Rückenmuskulatur.

Regelmäßige Bewegung hält fit und steigert das allgemeine Wohlbefinden.

Endlich schmerzfrei

Rückenschmerzen nehmen explosionsartig zu. Immer mehr Menschen sitzen in den Wartezimmern der Orthopäden und Krankengymnasten. Immer jüngere Patienten müssen operiert werden, weil ihre Bandscheiben irreparabel geschädigt sind.
Rückenbeschwerden verursachen Schmerzen, beeinträchtigen die Beweglichkeit, verhindern ein normales Arbeitsleben, hemmen Freizeitaktivitäten. Kurzum: Rückenschmerzen setzen die Lebensqualität herab. Darüber hinaus verursachen Rückenschmerzen hohe Kosten. Da sind zum einen die unmittelbar durch therapeutische Tätigkeit anfallenden Kosten für Arztbesuche, Medikamente, Physiotherapie, Operationen u.v.m., zum anderen entstehen Kosten durch privat finanzierte Gymnastik, ergonomische Hilfsmittel und nicht zuletzt durch den Arbeitsausfall.

Rückenschmerzen müssen nicht sein. Krankengymnasten und Physiotherapeuten haben eine Vielzahl von Übungen entwickelt, mit deren Hilfe die Muskulatur gestärkt und der Rücken wirkungsvoll unterstützt werden kann.

Rückenschmerzen wirksam bekämpfen

Um zu verstehen, warum es zu Rückenschmerzen kommt, hilft es, wenn man sich zunächst einmal mit dem Aufbau der Wirbelsäule vertraut macht. Vielleicht motiviert das Verständnis davon, welch kompliziertes und komplexes Gebilde das Rückgrat unseres Körpers ist, auch Sie, Ihren Körper zu modellieren und aus Ihrer Wirbelsäule die Stütze Ihres Lebens zu machen. Darüber hinaus ist es aber auch notwendig zu wissen, welche Therapien im Akutfall helfen können und wie schnellstmöglich ein Zustand erreicht werden kann, aus dem heraus die Stabilisierung der Wirbelsäule wieder aktiv angegangen werden kann. Neben schmerzstillenden und entspannenden Medikamenten stehen verschiedene Therapien zur Verfügung, die für eine schnelle Mobilisierung sorgen. Die tatsächliche Therapie geht aber erst los, wenn Arzt und Therapeut ihre Arbeit beendet haben. Nun ist es an jedem Einzelnen, seine Muskulatur so aufzubauen, dass sie ihre Aufgabe wieder in vollem Umfang übernimmt.

Große Auswahl an Übungen

Sobald die Beschwerden nicht mehr akut sind, kann mit stärkender und mobilisierender Gymnastik begonnen werden, die am besten täglich ausgeführt wird. Zahlreiche Übungen wurden dafür entwickelt. Es ist jedoch nicht unbedingt sinnvoll, jede dieser Übungen auswendig zu lernen und auszuführen. Die Vielfalt der Übungen dient eher dazu, jedem die Möglichkeit zu geben, sein persönliches Übungsprogramm zusammenzustellen oder ein vom Krankengymnasten oder Physiotherapeuten vorgeschlagenes Programm nach einiger Zeit zu variieren. Die Übungen in diesem Buch wurden mit Unterstützung vieler erfahrener Krankengymnasten, Mediziner und Schmerztherapeuten erarbeitet. Sie sollen Menschen, die von Rückenschmerzen geplagt werden, Mut machen, Rückengymnastik konsequent in ihr Leben einzubauen, um damit zu einem lebenswerteren Leben zurückzufinden. Wünschenswert wäre es jedoch auch, dass möglichst viele Rückengesunde die in diesem Buch beschriebenen Tipps und Hilfen zur Krankheitsvorbeugung befolgen. Ihnen würden viel Leid und mögliche Schmerzen in späteren Jahren erspart bleiben.
Nur ein starker Rücken kennt auf Dauer keinen Schmerz!

Da es genügend Übungen gibt, kann sich jeder ein Programm mit seinen persönlichen Lieblingsübungen zusammenstellen.

Der mühsam entwickelte aufrechte Gang ist für die Wirbelsäule ein großes Problem. Er bewirkt hohe Belastungen für den Rumpf, die Wirbel und Muskeln. Am schlimmsten ist jedoch Sitzen in gekrümmter Haltung.

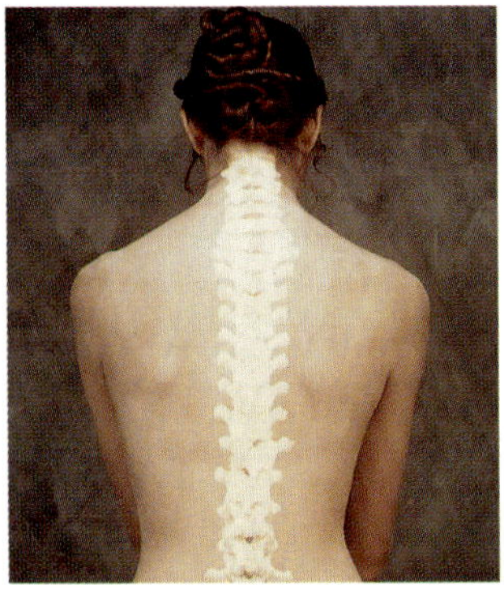

Das Rückgrat mit seinen einzelnen Wirbeln und Bandscheiben ist täglich vielen Belastungen ausgesetzt.

Wunderwerk Wirbelsäule

Die Wirbelsäule spielt im wahrsten Sinn des Wortes eine tragende Rolle in unserem Leben. Im Zusammenspiel mit einer Vielzahl von Muskeln, Bändern und Sehnen ermöglicht dieses feinmechanische Wunderwerk aus über 30 verschieden geformten Knochen dem Menschen seinen aufrechten Gang. Eigentlich ist der Begriff »Wirbelsäule« irreführend, denn kerzengerade wie eine Säule ist dieser elastische Knochenverbund keineswegs. Betrachtet man ihn von der Seite, so erkennt man eine Biegung in Form einer doppelten S-Kurve, die typisch ist für die menschliche Wirbelsäule.

Wirbelsäule im Detail

Von oben nach unten reihen sich 32 bis 34 Wirbel aneinander; sie lassen sich in fünf Abschnitte unterteilen: sieben Halswirbel, zwölf Brustwirbel, fünf Lendenwirbel, fünf Kreuzbeinwirbel und drei bis fünf teils verwachsene, teils bewegliche Wirbel im Steißbein. Die Löcher in der Mitte der einzelnen Wirbel bilden den so genannten Wirbelkanal, der das Rückenmark und die Nervenwurzeln beherbergt. Die Krümmung im Bereich des Nackens nennt man Lordose, die Gegenkrümmung im Bereich der Brustwirbelsäule Kyphose und die Krümmung im Kreuzbeinbereich wiederum Lordose.

Die Doppel-S-Form der Wirbelsäule und die elastischen Bandscheiben zwischen den Wirbelkörpern sind die Garanten für die Beweglichkeit der Wirbelsäule.

Bandscheiben – Stoßdämpfer zwischen den Wirbeln

Zwischen den einzelnen Wirbelkörpern befinden sich die so genannten Zwischenwirbel- oder Bandscheiben. Sie machen etwa ein Drittel der Gesamtlänge der Wirbelsäule aus und sind außerordentlich belastungs- und widerstandsfähig. Wie Stoßdämpfer fangen sie alle Stöße und Bewegungen im Rücken auf. Ohne Bandscheiben würden die Wirbel bei jeder Bewegung schmerzhaft aneinander reiben. Jeder der zumeist 23 Puffer ist morgens bis zu zwei Zentimeter dick, wird aber im Lauf des Tages durch die Belastung etwas dünner. Bandscheiben bestehen aus sehr festem Faser- und Knorpelgewebe, das ringförmig einen halbflüssigen Gallertkern umschließt. Dieser ermöglicht die große Beweglichkeit der Wirbelsäule nach allen Seiten.

Vom Verschleiß bis zum Bandscheibenvorfall

Durch altersbedingten Verschleiß, aber auch durch falsche Belastung, Haltungsfehler und Anspannung nimmt die Elastizität der Bandscheiben mehr und mehr ab; der Faserring wird rissig. Vor allem die Bandscheiben der unteren Halswirbelsäule und der Lendenwirbelsäule sind gefährdet. Ein akuter Hexenschuss droht, wenn sich der weiche Gallertkern zum hinteren Rand des Faserknorpelrings vorschiebt. Der Arzt spricht bei diesem Vorgang von einer Bandscheibenvorwölbung. Sie ist immer die Vorstufe zum gefürchteten Bandscheibenvorfall.
Bei diesem GAU (größter anzunehmender Unfall) in der Wirbelsäule sprengt der weiche Gallertkern den äußeren Faserknorpelring und dringt bis in den Wirbelkanal vor. Hier befinden sich die hochempfindlichen Nervenwurzeln, die vom Rückenmark kommen. Werden diese Nerven von der hervorgequollenen Gallertmasse bedrängt, reagieren sie – nicht immer – mit heftigen Schmerzen. Auch Empfindungsstörungen und Lähmungen können auftreten.

Bandscheiben brauchen täglich Futter

Wie ein Baby wollen auch Ihre Bandscheiben täglich gefüttert werden. Zwar nicht mit Brei, dafür aber mit Zucker, Eiweiß, Salzen und anderen Nährstoffen. Die Nahrungsaufnahme geschieht durch Diffusion, die man sich als eine Art »Durchsaftung« vorstellen kann. Der ständige und ausgeglichene Wechsel zwischen Be- und Entlastung spielt bei diesem Prozess eine wesentliche Rolle. Bei Druckentlastung – beispielsweise im Liegen – werden Flüssigkeit und Nährstoffe aufgenommen. Bei hohem Druck wird die Flüssigkeit aus den Bandscheiben heraus-

Mit zunehmendem Alter verlieren die Bandscheiben an Elastizität. Ihre Fähigkeit, Flüssigkeit zu speichern, nimmt ab. Deshalb werden Menschen im Alter etwas kleiner.

gepresst. Ideal ist es, wenn zwischen der Zufuhr von frischen Nährstoffen und dem Abtransport verbrauchter Stoffe ein Gleichgewicht entsteht. Richtiges Sitzen und Liegen ermöglicht es den Bandscheiben, sich ausreichend zu regenerieren. Haben sich die Bandscheiben nachts von den Tagesbelastungen erholt, sind sie in der Früh voluminöser als abends. Aus diesem Grund ist der Mensch morgens etwa einen Zentimeter größer als am Abend.

Muskeltraining und körperliche Aktivität

Die Wirbelsäule ist nicht nur eine faszinierende, sondern auch eine hochempfindsame Konstruktion, die nur bei entsprechender Pflege reibungslos funktioniert.
Leider sind die Defekte, die dieses komplizierte Bauwerk aus Knochen, Wirbeln, Sehnen, Bändern, Nervenfasern und Bandscheiben bedrohen, nur schwer auszumachen. In 80 Prozent der Fälle von chronischen Schmerzen im Bereich der Lendenwirbelsäule (LWS) kann trotz intensivster Diagnostik kein spezifischer krankhafter Befund festgestellt werden. Selbst die wegen ihrer hohen Bildqualität geschätzte Kernspintomografie liefert dem Arzt nicht unbedingt eindeutige Ergebnisse.

Die Bandscheibe lebt von der Bewegung. Bei Entlastung nimmt sie Flüssigkeit und Nährstoffe auf. Bei Belastung wird Flüssigkeit aus ihr herausgepresst. Schlackenstoffe werden abtransportiert.

Stress für die Wirbelsäule

Eines ist jedoch sicher: Bewegungsmangel, einseitige Belastung und schlechte Haltung sind hauptverantwortlich für die meisten Verschleißerscheinungen. Auch Übergewicht belastet den Rücken, insbesondere die Lendenwirbelsäule. Nicht zuletzt bedrücken auch seelische Faktoren, weshalb viele Menschen »kreuz«-unglücklich sind.
Wer ständig psychisch unter Druck steht, belastet automatisch die Wirbelsäule und die Bandscheiben, denn die innere Anspannung überträgt sich auf die Haltung, man ist nicht locker, sondern verkrampft. Folge: Die verhärteten Muskeln werden schlechter durchblutet, es kommt zu Muskel- und Nervenanspannungen mit ständigen Schmerzen.

Schmerzzustände – eine Umfrage

Schmerzart	Gesamt	Frauen	Männer
Kein Schmerz	9 %	6 %	12 %
Rücken	72 %	77 %	68 %
Kopf	59 %	69 %	50 %
Nacken	63 %	68 %	58 %
Schultern	57 %	63 %	51 %
Arme, Hände	7 %	44 %	29 %
Brustkorb	22 %	21 %	23 %
Bauch, Magen	31 %	33 %	29 %
Hüfte	34 %	34 %	33 %
Unterleib	20 %	30 %	9 %
Beine, Füße	51 %	58 %	45 %

Quelle: Institut für Sozialmedizin, Universität Lübeck

Schmerzursache Nummer eins

Es ist ein Kreuz mit dem Kreuz – das ist leider nicht nur eine Wortspielerei. Die Universität Lübeck fragte 1367 Männer und Frauen zwischen 25 und 74 Jahren, an welchen Stellen sie in den vergangenen zwölf Monaten Schmerzen hatten. Das Ergebnis ist erschütternd. 72 Prozent aller Befragten gaben an, im letzten Jahr Rückenbeschwerden gehabt zu haben; von den befragten Frauen sagten das sogar 77 Prozent. Wenn man bedenkt, dass Schmerzen in Kopf, Nacken, Schultern, Armen und Beinen häufig ebenfalls durch Rückenerkrankungen ausgelöst werden, wird klar: Bei der heutigen Lebensweise ist das Kreuz die größte Schwachstelle des menschlichen Körpers.

Rückenschmerzen beeinträchtigen die Lebensqualität ganz erheblich, und auch volkswirtschaftlich gesehen richten sie großen Schaden an.

Deutschlandweit dasselbe Bild

Weitere traurige Fakten belegen, dass das, was die Wissenschaftler des Lübecker Instituts für Sozialmedizin herausgefunden haben, durchaus repräsentativ für ganz Deutschland ist:

Rückenleiden und Bandscheibenvorfälle betreffen immer häufiger jüngere Menschen. Ihnen fehlt es sowohl im Alltag als auch in der Freizeit an Bewegung. Das wirkt sich negativ auf die Gesundheit des ganzen Körpers aus.

- Nach statistischen Angaben der Betriebskrankenkassen sind Muskel- und Skeletterkrankungen die häufigsten Gründe für Arbeitsausfälle, und die Tendenz ist immer noch steigend!
- Rückenschmerzen sind noch vor Herz-Kreislauf-Erkrankungen der häufigste Anlass dafür, einen Arzt aufzusuchen und sich krank schreiben zu lassen.
- Bei den Anträgen auf medizinische Rehabilitation bezieht sich mehr als die Hälfte der Bewilligungen auf Erkrankungen des Bewegungsapparats.

Aktiv den Rücken stärken

Was aber ist zu tun, um aus diesem Teufelskreis herauszukommen? Wie bereits angedeutet, wäre es das Dümmste, sich in sein Schneckenhaus zurückzuziehen und sich im stillen Kämmerchen die Wunden zu lecken. Lange Ruhepausen bekommen keinem Rücken. »Bett zehrt«, so lautet kurz und treffend eine alte Krankenhausweisheit; die Muskeln schrumpfen, die Wirbelkörper bauen lebenswichtigen Kalk ab, die Bandscheiben verkümmern, und zur Gemütsaufheiterung trägt das Abkapseln auch nicht bei.
Sicher gibt es einige Befunde wie frische Bandscheibenvorfälle, die eine Ruhigstellung der Wirbelsäule unbedingt erforderlich machen, aber bei den meisten Rückenbeschwerden hilft nur eins: Werden Sie aktiv, und das so bald wie möglich.

Im Mittelpunkt – Bauch- und Rückenmuskulatur

Das größte Augenmerk sollte der Rücken- und Bauchmuskulatur gelten. Sie ist der beste Schutz gegen Fehlhaltungen und Überbeanspruchung. Vergleichbar mit der Takelage eines Segelschiffs verspannen eine Vielzahl von Muskeln die Wirbelsäule.
Je stärker diese Muskeln sind, desto besser können sie die Wirbel in ihrer Position halten und die Bandscheiben entlasten. Das hilft, Rückenschmerzen zu verhindern. Deshalb ist die Kräftigung dieser Muskelbereiche so wichtig.

Bewegung und Schmerzbekämpfung

Hinzu kommt noch ein weiterer wichtiger Aspekt. Durch regelmäßiges körperliches Training wird die Ausschüttung von körpereigenen schmerzhemmenden Substanzen (Endorphinen) angeregt. Dies wiederum wirkt sich günstig auf das Schmerzempfinden aus. Körperliche Aktivität kann also auch auf diese Weise Schmerzen lindern.

Selbsthilfe bei Rückenschmerzen

Ein Reißen im Bein, stechende Schmerzen über dem Po, ein ständiges Ziehen in Hals und Schultern – was steckt dahinter? Auf den folgenden Seiten geben wir Ihnen einen Überblick über die häufigsten Erkrankungen des Rückens und über die Möglichkeiten der Selbsthilfe. Wie Sie sehen werden, können Sie gegen die meisten Beschwerden selbst aktiv vorgehen, mit gezielter Gymnastik, Entspannungstechniken und verschiedenen Heil- und Trainingsmethoden.

Halswirbelsäulen-Syndrom

Das Halswirbelsäulen-Syndrom (auch HWS- oder Zervikalsyndrom) verursacht die häufigsten Beschwerden im Bereich von Hals, Schultergürtel und Kopf. Ausgelöst werden die Beschwerden durch eine Reizung der Nervenwurzeln in den so genannten Zwischenwirbellöchern. Früher bezeichnete man die Schmerzen im Nacken auch als Sekretärinnenkrankheit, weil speziell Frauen davon betroffen waren, die stundenlang mit nach vorn geneigtem Kopf und hängenden Schultern die Schreibmaschinentastatur bearbeiteten. Da mit fortschreitender Automatisierung auch für Männer sowohl im Beruf als auch in ihrer Freizeit die Bewegungsabläufe immer monotoner geworden sind, klagen heute Menschen beiderlei Geschlechts über Ziehen und Reißen im Nackenbereich. Die Halswirbelsäule ist ein besonders empfindlicher Teil des Rückgrats. Sie muss das große Gewicht des Kopfs tragen, obwohl sie durch Muskeln und Bänder erheblich schwächer gestützt

Das HWS-Syndrom ist nicht ganz einfach zu behandeln. Unsere Gymnastikvorschläge haben deshalb das Ziel, verspannte Muskeln zu lockern, verkürzte Muskeln zu dehnen und geschwächte Muskelpartien zu kräftigen.

wird als die übrige Wirbelsäule. Fehlbelastungen, wie sie beim Schreiben, Lesen oder Autofahren auftreten können, nimmt die Halswirbelsäule besonders übel. Häufig strahlen die Schmerzen vom Nacken in den Hinterkopf und sogar bis in die Stirn aus. Gelegentlich werden auch ein Taubheitsgefühl in den Händen, Augenflimmern, Ohrensausen und Schwindel beklagt.

Bei Überbelastung sendet der Körper Signale aus, die zeigen, dass er überfordert ist. Werden diese Signale missachtet, verstärken sie sich so lange, bis sie schließlich als Schmerz wahrgenommen werden.

Der Hexenschuss

In der Fachsprache der Mediziner heißen die blitzartig auftretenden Schmerzen akute Lumbalgie. Diese wird meist durch eine plötzliche oder schnelle Bewegung hervorgerufen. Manche Betroffene können nur noch in grotesker Haltung die Arztpraxis aufsuchen, die kleinste Bewegung bereitet heftigste Schmerzen. Häufige Ursache: Eine Zwischenwirbelscheibe ragt in den Wirbelkanal, dadurch quetscht sie die dort verlaufenden bzw. entspringenden Schmerznerven und drückt in extremen Fällen auf das Rückenmark. Zur ersten Hilfe gehören schmerzstillende und entkrampfende Medikamente, meist in Form von Spritzen. Die Stufenlagerung trägt dazu bei, dass sich die verkrampften Muskeln von selbst lösen. Das kann allerdings einige Zeit dauern und erfordert Geduld. Heiße Bäder und Reizstrombehandlung können den Heilprozess unterstützen. Erst wenn der akute Reiz abgeklungen ist, darf mit Massagen und Krankengymnastik begonnen werden. Gerade Gymnastik kann eine nachhaltige Wirkung erzielen, wenn sie auch nach dem Abklingen der Schmerzen konsequent weitergeführt wird. Wer einmal starke Rückenschmerzen gehabt hat, muss leider damit rechnen, dass diese immer wieder kommen – wenn die Muskeln und Bänder nicht konsequent in Schuss gehalten werden.

Rückenschmerzen durch Belastungen

Bewegungsmangel, falsche Ernährung, ungeschickte Bewegungsabläufe, Stress und Ärger verursachen vielen Patienten Beschwerden. Sie beklagen Schmerzen im gesamten Rücken. Die Muskulatur ist verspannt, bretthart und reagiert auf Druck schmerzhaft. Dabei ist die

Beweglichkeit der Wirbelsäule kaum eingeschränkt. Auf dem Röntgenbild sind nur selten Ursachen für die Beschwerden auszumachen. Die Diagnose in solchen Fällen lautet häufig: Abnutzungserscheinungen. Derartige Veränderungen finden sich aber bei fast jedem Erwachsenen und müssen nicht solche Beschwerden verursachen. Es sind denn auch nur selten Abnutzungsschäden, die dazu führen, dass die Patienten immer wieder die Hilfe des Orthopäden in Anspruch nehmen müssen, viel häufiger sind die Beschwerden auf Fehlbelastungen und ungenügend ausgebildete Muskeln und Bänder zurückzuführen. Einziger Ausweg aus dem Dilemma ist oft der Umstieg auf eine gesündere und vor allem bewegungsintensivere Lebensweise. Hilfreich sind außerdem Akupunktur, Bäder- und Thermotherapien, insbesondere aber Rückengymnastik und Entspannungsübungen.

Je schneller Sie bei akuten Rückenbeschwerden einen Spezialisten aufsuchen, desto größer sind die Erfolgsaussichten. Massage, Wärme und Bewegungstherapie sind wichtige Maßnahmen zur Stabilisierung.

Blockierte Beweglichkeit

Bei bestimmten Bewegungsabläufen verursachen einzelne Wirbel oder ganze Bereiche der Wirbelsäule eine Blockade. Ein Chirotherapeut wird versuchen, Sie ruckartig von Ihren Schmerzen zu befreien – und vielen Patienten kommt es wie ein Wunder vor, wenn sie von einer

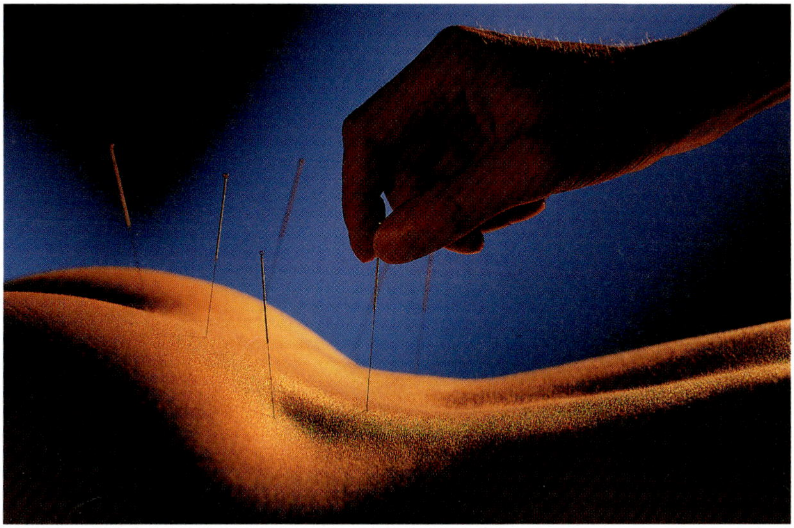

Mit der Akupunktur kann man auf sanfte und schonende Weise Blockaden der Nerven lösen und somit Schmerzen und Bewegungseinschränkungen behandeln.

Sekunde zur anderen ihre quälenden Schmerzen los sind. Bei zu häufigem Einrenken besteht allerdings die Gefahr, dass die Bänder zu locker werden. Dadurch wird die Stabilität der Wirbelsäule noch weiter beeinträchtigt, und es kommt immer häufiger zu Blockaden. Viele Orthopäden geben dem so genannten Quaddeln den Vorzug. Dabei wird ein betäubendes Mittel an mehreren Stellen unter die Haut gespritzt.

Das Stangerbad zeigt gute Erfolge bei Entzündungen und Nervenwurzelreizungen. Der Patient setzt sich in eine Spezialbadewanne mit warmem Wasser, in die Gleichstrom geleitet wird. Der Strom erzeugt ein Kribbeln, das als sehr wohltuend und angenehm empfunden wird.

Der Bandscheibenvorfall (Prolaps)

Beim Bandscheibenvorfall drückt Gallertmasse, die aus dem gerissenen Faserring zwischen den Wirbelkörpern ausgetreten ist, auf die aus dem Wirbelkanal herausragenden Nervenwurzeln. Im schlimmsten Fall sind auch die empfindlichen Nerven im Rückenmarkskanal betroffen. Auslöser eines Vorfalls ist meist eine starke und andauernde Fehlbelastung der Wirbelsäule.

Rund 70 Prozent aller Patienten sind ohne Operation nach ein paar Wochen mehr oder weniger beschwerdefrei. Die konservative Behandlung umfasst schmerzstillende Spritzen, Medikamente, Stangerbäder, das Strecken der Wirbelsäule und Physiotherapie. In günstigen Fällen kann die Gallertmasse durch Wärmebehandlung zurückgeleitet werden. Ganz wichtig sind nach dem Abklingen der Schmerzen gezielte gymnastische Übungen zur Kräftigung der Muskulatur.

Die Bänder sind überlastet

Tief sitzende Kreuzschmerzen sind meist die Folge von Fehlhaltungen sowie von falschen Bewegungsabläufen im Beruf und bei der Hausarbeit. Dadurch werden die Bänder, die die Wirbelkörper in der richtigen Position halten, überdehnt und reagieren mit Schmerzen.

Schmerzen bis ins Bein

Wenn die Schmerzen bis ins Bein ausstrahlen, spricht der Orthopäde von einer Ischialgie. Das unangenehme Ziehen und Reißen wird häufig durch die Reizung einer Nervenwurzel verursacht, z. B. bei einem

Bandscheibenvorfall. Aber auch Reizungen von Wirbelgelenken oder Bändern der unteren Lendenwirbelsäule und, seltener, Blockierungen der Kreuz-Darmbein-Gelenke im Bereich des Gesäßes führen zu den berüchtigten Ischiasschmerzen. Die Schmerzlinie hat ihren Ursprung an der Wirbelsäule und zieht sich über die Rückseite des Pos, des Oberschenkels und der Wade bis in den Fuß.

Bei starken Anfangsbeschwerden empfehlen sich zunächst die Stufenlagerung und Entspannungsübungen. Krankengymnastik sollte in dieser Akutphase nur unter Anleitung eines Physiotherapeuten erfolgen.

Sportliche Aktivität fördert nicht nur die Funktion von Bändern und Muskeln, sie trägt auch dazu bei, dass der Knochenstoffwechsel besser funktioniert. Knochenauf- und -abbau werden im Gleichgewicht gehalten.

Knochenveränderungen im Alter (Degeneration)

Mit zunehmendem Alter kommt es zu einem Verschleiß der Knochen. Das ist völlig normal und gibt an sich noch keinen Anlass zur Besorgnis. Die Bandscheiben werden dünner, der Mensch schrumpft. Bewegung, Sport und Gymnastik können aber dazu beitragen, dass man bis ins hohe Alter beschwerdefrei bleibt. Je früher diese in das tägliche Leben eingebaut werden, umso besser können sie vor den gefürchteten Rückenschmerzen schützen. Übergewichtige sollten dringend versuchen, ihr Gewicht zu reduzieren.

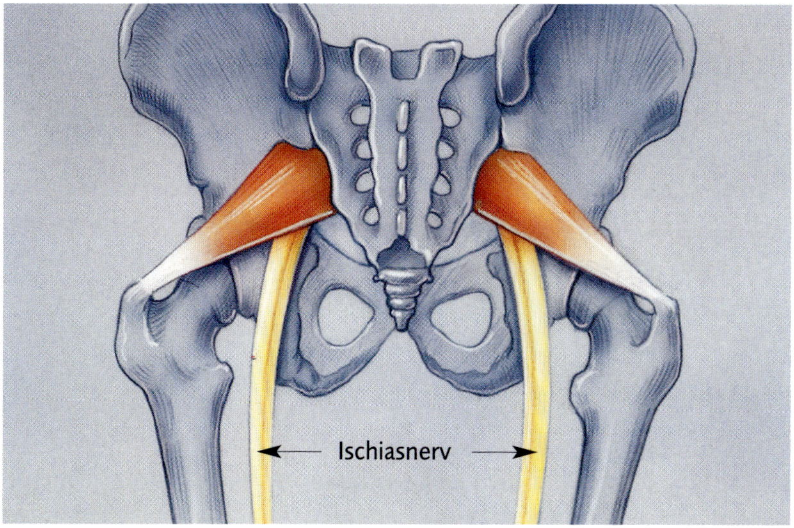

Die zentrale Leitbahn des Ischiasnervs zieht sich an beiden Seiten entlang der Rückgrats durch die einzelnen Wirbel, führt am Becken vorbei und erstreckt sich bis in die Beine. Drückt irgend etwas auf den gut bleistiftdicken Nerv, kommt es zu bohrenden oder stechenden Schmerzen, die bis in den Fuß ausstrahlen.

Entzündliche Veränderungen der Wirbelsäule (z.B. Morbus Bechterew)

Durch rheumatisch-entzündliche Wirbelsäulenerkrankungen versteifen sich einzelne Wirbelgelenke bzw. Wirbelsäulenabschnitte. Dadurch kann es zu Verformungen des Rückgrats bis hin zu einem ausgeprägten Buckel kommen. Besonders gefürchtet ist die Bechterewsche Erkrankung (Spondylitis ankylosans), von der überwiegend Männer betroffen sind. Meist beginnt die Krankheit zwischen dem 20. und dem 40. Lebensjahr und schreitet dann allmählich fort. Kälteanwendungen, Bädertherapien und Krankengymnastik zählen zu den wichtigsten therapeutischen Möglichkeiten.

Aus der Weltraumforschung wissen wir, dass die Knochen von Astronauten in der Schwerelosigkeit zu wenig belastet werden. Sie müssen daher spezielle Trainingsprogramme absolvieren, um sich vor Muskel- und Knochenschwund zu schützen.

Der Schiefrücken (Skoliose)

Die meist angeborene, seitliche Verkrümmung der Wirbelsäule nennt der Mediziner Skoliose. Dabei gerät die gesamte Wirbelsäule aus dem Lot, was bis zur Deformierung führen kann. Zum Schiefrücken kommt es meist während der Wachstumsphase. Die Krankheit trifft insbesondere Mädchen.

Schon bei den ersten Anzeichen sollte das Kind zur Untersuchung beim Orthopäden vorgestellt werden. In schweren Fällen helfen nur ein Stützkorsett oder eine Operation. Bei einer operativen Korrektur liegt die Erfolgsquote bei 50 bis 60 Prozent. Krankengymnastik kann die Verkrümmung stoppen oder bereits eingetretene Fehlstellungen korrigieren.

Der Rundrücken (Kyphose)

Rundrücken nennt man eine krankhafte Wölbung der Wirbelsäule, die rund 30 Prozent aller Jugendlichen betrifft. Ursache ist meist eine gestörte Verknöcherung der Wirbel. Diese verbiegen sich, was wiederum Veränderungen der Bandscheiben nach sich zieht. Nach der Pubertät kommt die Krankheit zum Stillstand. Unter einem Rundrücken versteht man aber auch die ungesunde, gekrümmte Haltung, die viele

Menschen speziell im Sitzen einnehmen. Die Behandlung besteht aus Übungen, die die Rückenmuskulatur stärken. Besonders geeignet ist das Brustschwimmen. Während der langen Gleitphasen verhindert das Eintauchen des Gesichts ins Wasser, dass die Halswirbelsäule überstreckt wird und es zu unerwünschten Belastungen in diesem Bereich kommt. Tägliche Haltungsübungen sowie eine der Körpergröße angepasste Tisch- und Stuhlhöhe sind unabdingbare Voraussetzungen für eine erfolgreiche Haltungskorrektur.

In Sanitätsgeschäften gibt es speziell auf die Körpergröße abgestimmte Würfel, die jedem, der öfter mit der Bandscheibe zu tun hat, zu empfehlen sind. Sie bieten die bequemste Möglichkeit, die den Rücken entlastende Stufenlagerung einzunehmen.

Häufig ein Frauenleiden – Osteoporose

Diese Erkrankung des Skelettsystems zeigt sich äußerlich durch einen mehr oder weniger ausgeprägten Rundrücken. Die Deformierung ist auch als Witwenbuckel bekannt, weil die Krankheit besonders oft Frauen nach den Wechseljahren trifft. Ursache der Osteoporose ist der Abbau von Knochenmasse. Im schlimmsten Fall kommt es zu chronischen Schmerzen. Eine Therapie beinhaltet gezielte Krankengymnastik und eine Optimierung der Kalziumzufuhr. Gute Erfahrungen hat man auch mit der Gabe von Östrogenen gemacht; manche Patientinnen stehen Hormontherapien aber eher ablehnend gegenüber.

Dehn- und Streckübungen, vor allem des Oberkörpers und der Schultern, sorgen dafür, das die Wirbelsäule entlastet und gekräftigt wird. Zudem wird die Durchblutung in diesen Körperpartien gefördert.

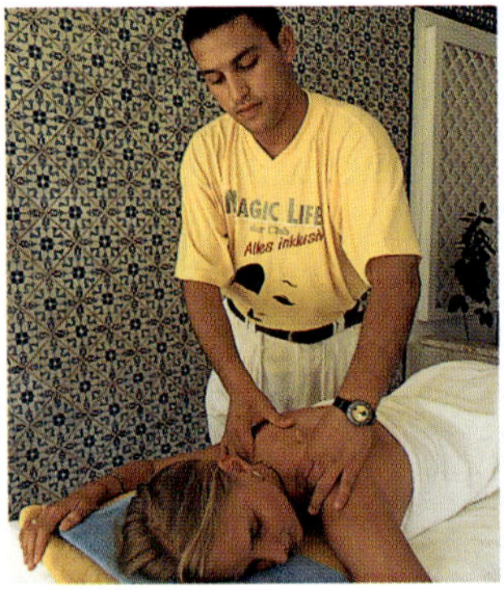

Massagen und krankengymnastische Übungen sind sinnvolle Behandlungsmethoden bei Rückenproblemen.

Probieren Sie aus, welche Lagerung Ihnen Linderung verschafft. Die Übungen »Hängeschaukel« und »Klimmzug« helfen übrigens auch bei Arthrose der kleinen Wirbelgelenke. Abbrechen, wenn vermehrt Schmerzen auftreten!

Hilfe bei Rückenerkrankungen

Bei akuten heftigen Rückenschmerzen stehen Behandlungen im Vordergrund, die möglichst schnell von den quälenden Schmerzen befreien, die die Beweglichkeit wieder herstellen und dazu beitragen, langfristige Schäden zu vermeiden oder zumindest in Grenzen zu halten. Eine Stufenlagerung über einen längeren Zeitraum hinweg kann sogar bei einem frischen Bandscheibenvorfall wesentlich zur Heilung beitragen. Viele Patienten sind nach einigen Wochen beschwerdefrei und können eine Operation vermeiden. Auch eine Partnermassage und Streckübungen können die Schmerzen lindern.

Schnelle Hilfe bei Hexenschuss und Bandscheibenvorfall

Bei einem Bandscheibenvorfall oder Hexenschuss sind die Schmerzen so heftig, dass sich eine Krankengymnastik von selbst ausschließt. Neben heißen Bädern und schmerzstillenden Medikamenten haben sich verschiedene Entlastungslagerungen als wirkungsvoll erwiesen. Ziel ist es dabei, die eingeengten Rückenmarksnerven vom Druck zu befreien. Bei Entzündungen – eine sehr häufige und unangenehme Begleiterscheinung von Hexenschuss und Bandscheibenvorfall – wirkt eine Kältepackung direkt auf dem Schmerzpunkt oft Wunder.

Die Stufenlagerung

Legen Sie sich vorsichtig auf den Rücken, und lagern Sie die angezogenen Beine auf einem Würfel, Hocker oder Kissen. Zwischen Unterschenkeln und Oberschenkeln sowie zwischen Oberschenkeln und Hüften sollte sich jeweils ein Winkel von 90 Grad ergeben. Die Arme liegen locker neben dem Körper. Man kann bei dieser Lagerung zusätzlich ein flaches Kissen unter die Lendenwirbelsäule schieben und damit den Erfolg eventuell noch vergrößern.

Seitliche Entlastungslagerung

Eine Alternative zur Stufenlagerung ist eine Seitenlagerung, für die Sie eine Rolle oder ein Kissen benötigen. Ausgangsposition ist die stabile Seitenlage mit angezogenen Beinen. Die Körperseite, auf der Sie die größten Schmerzen verspüren, weist nach oben. Die Rolle oder das Kissen wird unter die Taille geschoben.

Zwischen Tisch und Sofa – die Hängeschaukel

Testen Sie auch einmal die Hängeschaukel. Dazu legen Sie die Unterschenkel bis zum Kniegelenk parallel auf einen niedrigen Couchtisch, während Sie den Rücken etwa bis zur Hälfte auf dem Sofa lagern. Mit den Unterarmen abstützen. Der Po sollte bei dieser Übung ganz locker in der Luft durchhängen. Wenn die Schmerzen nicht spürbar nachlassen, brechen Sie die Übung ab.

Lassen Sie sich von Ihrem Partner verwöhnen

Der Schmerzpatient legt sich mit angewinkelten Beinen auf die Seite, während der Partner um den Schmerzpunkt herum vorsichtig massiert. Anschließend bindet sich der Betroffene ein nasses, warmes Handtuch um den unteren Rücken und setzt sich im Abstand von etwa einem halben Meter vor eine Rotlichtlampe. Die Wärme weitet die Blutgefäße und sorgt für eine weitere Entspannung der Muskeln.

Klimmzug gegen Blockaden der Wirbelgelenke

Folgende Übung können Sie bei einer Blockade der Wirbelgelenke ausprobieren; der Arzt muss aber mit Sicherheit einen Bandscheibenvorfall ausgeschlossen haben.

Vielleicht können Sie in einem Zimmer eine Turnstange unter der Decke anbringen, oder Sie haben in Ihrem Garten eine Teppichklopfstange. Sie sollte so hoch sein, dass man sie, auf Zehenspitzen stehend, gerade noch fassen kann.

Eine gut gewickelte heiße Rolle hält in ihren Tuchwindungen die Temperatur bis in den Kern konstant, so dass während der Dauer der Behandlung ein gleichbleibender Wärmereiz gewährleistet ist.

Versuchen Sie an einer gut befestigten Stange einen Klimmzug. Dazu ziehen Sie sich vorsichtig ein paar Zentimeter hoch und lassen sich – bei entspannter Muskulatur – in die Hängelage zurückfallen. Brechen Sie die Übung ab, wenn die Schmerzen stärker werden, ansonsten kann sie täglich wiederholt werden.

Das Geheimnis der heißen Rolle

Wissen Sie, was eine heiße Rolle ist? Wahrscheinlich nicht, denn trotz ihrer guten Wirksamkeit bei chronischen Schmerzen der Wirbelsäule wird sie nur selten angewendet oder empfohlen. Speziell bewährt hat sich die heiße Rolle auch bei Schmerzen, die von der Halswirbelsäule ausgehen, bei dem so genannten Schulter-Arm-Syndrom sowie bei Schmerzen, die vom Lendenwirbelbereich herrühren.

Eine heiße Rolle vorbereiten

- Sie benötigen fünf mittelgroße, nicht zu dünne Tücher und etwa einen Liter kochend heißes Wasser.
- Nehmen Sie Frottierstoff, denn dieses Baumwollgewebe kann ein Vielfaches seines Gewichts an Wasser aufnehmen und hält die Wärme besonders gut.
- Vier Handtücher werden der Länge nach gefaltet.
- Nun wickelt man das erste Tuch zu einer Rolle auf und zwar so, dass sich an der Faltkante eine spiralförmige Spitze herausschiebt. Auf der Gegenseite entsteht also eine trichterförmige Vertiefung.
- Das zweite Tuch wird in der gleichen Weise um das erste gewickelt, wodurch sich der Trichter noch etwas vergrößert.
- Das dritte und vierte Tuch werden nun zylindrisch um die bereits entstandene Rolle gewickelt. Dadurch verdickt sich der Korpus der Rolle, Spitze und Trichter werden aber nicht weiter verändert.
- Die Tücher müssen so fest wie möglich zusammengewickelt werden. Dann tropft später kein Wasser aus der Rolle, und die Wärme wird auch besser gehalten.

- Gießen Sie nun das kochende Wasser in die Vertiefung der Rolle.
- Das fünfte Tuch wickeln Sie so um die Rolle, dass an beiden Enden ein wenig Stoff übersteht, an dem die Rolle angefasst werden kann, ohne dass man sich die Finger verbrennt.

Die Anwendung der heißen Rolle

Der Schmerzpatient muss sich zunächst an die intensive Wärme, die von der richtig vorbereiteten Rolle ausgeht, gewöhnen. Die zu behandelnde Stelle wird daher zunächst nur vorsichtig mit sanftem Druck betupft. Erst allmählich lässt man die Rolle länger auf der Haut, wobei langsame massierende Rollbewegungen durchgeführt werden. Wenn die Hitze nicht mehr ausgehalten wird, wechseln Sie die Stelle.

Dauerhafter Wärmereiz

Ist das äußere, fünfte Tuch nicht mehr heiß genug, wird es von der Rolle genommen und beiseite gelegt. Mit der nun etwas dünneren Rolle wird die Anwendung in der beschriebenen Weise fortgeführt. Nach und nach wickelt man die verbleibenden Handtücher ab, indem man das jeweilig oberste Tuch in Gegenrichtung aufrollt. Das Abrolltempo richtet sich nach der Auskühlgeschwindigkeit der äußersten Schicht und nach der Wärmeempfindlichkeit des Behandelten. Das letzte Handtuch wird nicht abgerollt, sondern es wird so lange damit gearbeitet, bis die äußere Schicht abzukühlen beginnt, dann wird es auseinandergefaltet und über die behandelte Stelle gelegt, bis der Patient kein Wärmegefühl mehr verspürt. Normalerweise dauert die Behandlung mit einer heißen Rolle zwischen 15 und 20 Minuten.

Wann die heiße Rolle verboten ist

- Bei akuten Gallenblasenerkrankungen und Koliken
- Bei akuten asthmatischen Beschwerden
- Nach Kopf- und Hirnverletzungen
- Bei Durchblutungsstörungen und venösen Geschwüren

Schmerzen kosten viel Kraft, und oft mag man am Ende eines Arbeitstages nur noch ins Bett fallen, selbst wenn man weiß, dass die Schmerzen auch den Schlaf beeinträchtigen. Es besteht die große Gefahr, sich von anderen abzukapseln und zu vereinsamen.

Hilfe bei chronischen Rückenschmerzen

Medikamentöse Behandlungen sollen helfen, akute Schmerzen zu überwinden und Verspannungen zu lösen. Dauerhaft werden Rückenschmerzen aber nur durch geeignete gymnastische und sportliche Aktivitäten verschwinden.

Wenn Rückenschmerzen länger als ein halbes Jahr andauern, sprechen die Mediziner von einem chronischen Leiden. Über eine Million Bundesbürger sind nach Schätzungen der Deutschen Schmerzhilfe von ständigen Schmerzen geplagt, und es werden immer mehr. Nahezu alle Betroffenen leiden nicht nur körperlich, sondern auch seelisch. Nicht nur, dass sie die Schmerzen aushalten müssen – oft wenden sich auch Freunde, ja sogar die engsten Angehörigen von ihnen ab, weil sie das ewige Wehklagen nicht mehr hören wollen. Auch in manchen Arztpraxen sind Patienten mit einem chronischen Leiden nicht besonders gern gesehen, insbesondere dann, wenn sie mit einem Stapel Röntgenbilder und Krankenhausakten auftauchen und mit ihrer Leidensgeschichte den Betrieb aufhalten.

Langwierige Ursachenforschung

Um den Ursachen chronischer Schmerzen auf den Grund zu gehen, um wirksame Behandlungskonzepte zu entwickeln, benötigt man viel Zeit, und die steht nicht immer zur Verfügung, wenn das Wartezimmer voll ist. Sehr oft verlässt der Patient die Praxis mit dem x-ten Rezept für ein Schmerzmittel. Dabei gibt es – außer dem Einsatz wirksamer Schmerzmittel und Antidepressiva – inzwischen ganz neue Möglichkeiten, die Leiden zu behandeln.

Elektrische Nervenstimulation (TENS)

Bei dieser Elektrotherapie werden Nerven bzw. Nervenknoten mit sehr schnell oder sehr langsam schwingenden Strömen gereizt. Ein dünnes Kabel verbindet einen Miniakku mit kleinen, auf der Haut angelegten Elektroden, die schwache Impulse in das Schmerzgebiet senden. Die TENS-Geräte in der Größe einer Zigarettenschachtel können Patienten in der Arztpraxis ausprobieren, zum längeren Testen auch mit nach Hause nehmen. Die neueste TENS-Generation kann so programmiert werden, dass sie auf die individuellen Bedürfnisse des Patienten abgestimmt ist. Meist stellt sich schon nach wenigen Minuten eine durchblutungsfördernde und schmerzlindernde Wirkung ein. Neurologen, aber auch Mediziner anderer Fachbereiche können das TENS-Gerät verschreiben.

Iontophorese

Diese Gleichstromtherapie verspricht bei besonders hartnäckigen Schmerzen Linderung. Dem Patienten werden verschiedene Medikamente auf die Haut »gepflanzt«, darüber wird eine Elektrode geklebt. Die galvanischen Ströme sorgen dafür, dass Wirkstoffe des Präparats durch die intakte Haut in besonders tiefe Gewebeschichten transportiert werden und den Schmerz direkt angreifen. Da die Wirksamkeit abhängig ist von Medikamentenmenge, Größe der Elektrode, Stromstärke und Stromflusszeit, sollten nur erfahrene Therapeuten die Iontophorese anwenden.

Die Verabreichung von Mistelpräparaten kann bei zu hoher Dosierung unerwünschte Nebenwirkungen wie Fieber, Schüttelfrost und Kopfschmerzen zur Folge haben.

Therapeutische Lokalanästhesie (TLA)

Bei dieser Behandlungsmethode spritzt der Arzt ein Betäubungsmittel bis zu zwölf Zentimeter tief in den Nervenstrang entlang der Wirbelsäule, um Schmerzbahnen zu blockieren. Drückt beispielsweise eine vorgewölbte Bandscheibe auf eine Nervenwurzel im Rücken und löst damit Ischiasbeschwerden im Bein aus, spritzt der Arzt das Medikament direkt an die Nervenwurzel. Beim so genannten Quaddeln wird das betäubende Mittel in mehreren Injektionen knapp unter die Haut injiziert. Ziel ist es, den Teufelskreis aus Muskelverspannung und Schmerzen zu durchbrechen und eine dauerhafte Schmerzlinderung zu erreichen.

Misteltherapie

Mistelpräparate werden hauptsächlich mit Krebserkrankungen in Verbindung gebracht. Dass die heilige Pflanze der Kelten (Viscum) auch bei Verschleißleiden an der Wirbelsäule und an den Gelenken helfen

Wege, sich vom Schmerz abzulenken

- Ins Schwimmbad oder in die Sauna gehen
- Ein warmes Bad nehmen und dabei ein Buch lesen
- Spontan jemanden einladen und mit ihm über Gott und die Welt reden – nur nicht über Krankheiten
- In ein Café setzen und die Leute beobachten
- Das Lieblingsgericht kochen
- Mit Freunden einen Stadtbummel machen
- Einen guten Film im Fernsehen oder im Kino ansehen
- Mit Freunden telefonieren
- Zum Friseur oder zur Kosmetikerin gehen
- Die Klatschspalten in einer Illustrierten lesen oder das Kreuzworträtsel lösen
- In den Zoo, in den Botanischen Garten, in einen Diavortrag oder ins Theater gehen
- Mit den Kindern spielen
- Reiseprospekte besorgen und den nächsten Urlaub planen
- Sich eine wohltuende Fußreflexzonenmassage gönnen
- Im Garten Blumen pflanzen
- Eine Runde durch den Park joggen oder spazieren gehen

Eine Akupunkturbehandlung erfordert Geduld. Ob sich ein Heilerfolg einstellt, kann erst nach 10 bis 20 Sitzungen, die ein- bis dreimal pro Woche stattfinden sollten, gesagt werden.

kann, ist weniger bekannt. Auch in diesem Fall setzt der Arzt Quaddeln, d.h., er spritzt Mistelextrakte in steigender Dosierung oberflächlich unter die Haut. Verschiedene Stoffe in den Mistelpräparaten lösen nun eine Entzündung im Schmerzbereich aus. Diesem erwünschten Effekt wird eine heilende Wirkung zugesprochen. Die Behandlung wird etwa zehnmal innerhalb von acht Wochen vorgenommen.

Akupunktur

Noch vor wenigen Jahrzehnten stieß die fernöstliche Nadelkunst bei vielen Schulmedizinern auf Skepsis und Zurückhaltung. Inzwischen gilt Akupunktur als anerkannte Therapieform speziell bei Rückenschmerzen. Ein verantwortlicher Therapeut wird immer zunächst eine genaue Diagnose stellen, bevor er seine hauchdünnen Nadeln in genau festgelegte Hautpunkte sticht. Die Nadeln bleiben etwa 10 bis

30 Minuten im Körper. Ob die schmerzlindernde Wirkung durch Endomorphine (körpereigene Stoffe) eintritt oder durch die Unterdrückung von Schmerzreizen, ist wissenschaftlich noch nicht restlos geklärt. Bei der Elektroakupunktur werden auf die Nadeln kleine Elektroden geklemmt, die schwache elektrische Impulse in das Schmerzgebiet senden. Dadurch wird die Akupunkturreizung noch verstärkt.

Akupressur und Shiatsu

Die Massagetechniken aus China (Akupressur) und Japan (Shiatsu) sollen Stauungen auflösen, die den Fluss der Lebensenergie behindern. Dass die chronischen Schmerzen nach der Behandlung wie weggeblasen sind, wird wohl ein Wunschtraum bleiben, aber viele Patienten berichten, dass sie zumindest über einen längeren Zeitraum eine wohltuende Linderung verspürten. Die Massage mit Fingerkuppen (Akupressur) oder Händen, Ellbogen und Füßen (Shiatsu) sollte am besten ein erfahrener Akupresseur oder Heilpraktiker übernehmen. Einige Handgriffe kann man aber auch selbst anwenden. Mit kreisenden Bewegungen werden die Areale rund um die Schmerz- und Akupunkturpunkte massiert. Die Behandlung dauert etwa eine halbe Stunde und sollte zwei- oder dreimal pro Woche durchgeführt werden. Bei Ischiasbeschwerden können Sie einmal Folgendes ausprobieren: Bitten Sie Ihren Partner, das betroffene Bein zu massieren, und zwar vom Gesäß bis zum Fußaußenrand. Am besten benutzt er dazu ein Glas- oder Metallstäbchen, z.B. den Griff einer Gabel. Reiben Sie die Druckstellen vorher mit einem guten Massageöl ein.

Für Schmerzpatienten gibt es inzwischen viele professionelle Anlaufstellen. Auch der Gedankenaustausch mit anderen hilft, das eigene Leiden leichter zu ertragen.

Hilfsprogramme für Körper und Seele

Wenn der Leidensdruck übergroß ist und weder Medikamente noch sonstige Heilverfahren anschlagen, wird der Arzt vielleicht eine Behandlung in einer Schmerzklinik oder in einer ambulanten Therapieeinrichtung vorschlagen. Dort erwartet den Patienten meist ein komplexes Rehabilitationsprogramm, das aus heutiger Sicht am ehesten Hilfe verspricht. Menschen mit chronischen Rückenschmerzen ver-

meiden oft aus Angst vor dem Schmerz alle Bewegungen, die Schmerzen auslösen können. So werden sie im Lauf der Zeit immer unbeweglicher und weniger belastbar für die täglichen Aktivitäten.
Ziel einer komplexen Rehabilitation ist es, die Kranken bei der Angstbewältigung zu unterstützen sowie ihre körperliche Belastbarkeit zu steigern. Die Trainingsprogramme beinhalten in der Regel Haltungstraining, Entspannungsübungen, Krankengymnastik, Ausdauer- und Krafttraining, Gruppendiskussionen und zahlreiche andere Strategien zur Schmerzbewältigung (z.B. Genussübungen, Tastspiele, Malen in der Gruppe usw.). Die Ergebnisse einer kontrollierten Studie ermutigen zu weiteren Schritten auf diesem Weg.

Kurse zur Schmerzbewältigung

Krankenkassen und Organisationen wie die Deutsche Schmerzliga e.V. oder die Deutsche Schmerzhilfe e.V. bieten in vielen Städten Kurse zur Schmerzbewältigung an. Bei regelmäßigen Treffen unter fachlicher Anleitung lernen die Teilnehmer, ihren Schmerz besser zu verkraften. Nähere Informationen erhalten Sie von Ihrer Krankenkasse oder von Ihrem Hausarzt.

Ein Schmerzprotokoll bringt manchmal Erstaunliches ans Licht und eröffnet Wege zum richtigen Umgang mit dem Schmerz.

Ein Schmerzprotokoll schreiben

Viele Schmerzpatienten haben mit der Erstellung eines Schmerzprotokolls gute Erfahrungen gemacht. Sie notieren darin mehrmals am Tag die jeweilige Stärke des Schmerzes und beantworten Fragen zum Tagesgeschehen.
Festgehalten werden beispielsweise Stresssituationen wie unangenehme Besuche oder Anrufe, Ablenkungen, erfreuliche Ereignisse, die Einnahme von Medikamenten, der tägliche Speiseplan usw. Durch diese Selbstbeobachtung erfährt man, welche Einflüsse den Schmerz verstärken und welche ihn leichter ertragen lassen. Gemeinsam mit dem Arzt kann anhand dieses Protokolls ein Therapieplan erarbeitet werden. Für Schmerzprotokolle gibt es Vordrucke, die beispielsweise bei Schmerzkursen ausgegeben werden.

Informationen aus dem Schmerzprotokoll

- Schmerzdauer in Stunden am Morgen (bis 12 Uhr), am Nachmittag (bis 18 Uhr) und am Abend (bis 24 Uhr)
- Durchschnittliche Schmerzstärke (von 1 bis 5):
  Stufe 1: kein Schmerz
  Stufe 2: mäßiger Schmerz – wird bei Ablenkung nicht wahrgenommen
  Stufe 3: mittelstarker Schmerz – behindert das Gehen und das Einschlafen
  Stufe 4: starker Schmerz – das Denken kreist hauptsächlich um den Schmerz; Gefühl der Hilflosigkeit
  Stufe 5: extrem starker Schmerz – der Schmerzkranke möchte am liebsten schreien, wird depressiv
- Welche Medikamente wurden eingenommen (Dosis, Menge, Uhrzeit)?
- Andere medizinische Maßnahmen (z. B. heiße Bäder Entspannungsübungen)
- In welchem Ausmaß fühlten Sie sich heute durch Ihre Schmerzen in Ihrer Stimmung beeinträchtigt? (Skala von 1 bis 10; 1 = gar nicht, 10 = sehr stark)
- In welchen Situationen traten die Schmerzen verstärkt auf?
- Was konnten Sie heute nicht tun?
- Was hat Sie heute außer den Schmerzen noch negativ beeinflusst (Ärger, Angst, Sorgen usw.)?
- Mit welchen Aktivitäten haben Sie selbst Einfluss auf Ihre Schmerzen nehmen können (Schwimmbad, Kino, Theater, sportliche Betätigungen usw.)?

Ruhe und Gelassenheit durch progressive Muskelentspannung

Oft sind Stress oder seelische Konflikte die Hauptursache von Rückenschmerzen. Ist dies bei Ihnen der Fall, sollten Sie unbedingt eine Entspannungstechnik erlernen und sie regelmäßig anwenden.

Eine sehr erfolgreiche Übung ist die progressive Muskelentspannung. Im Vergleich zum autogenen Training oder zu anderen meditativen Techniken, die auf Autosuggestion beruhen, hat sie den großen Vor-

Im Handel gibt es Hörkassetten mit Übungen zur progressiven Muskelentspannung. Diese lassen sich allerdings auch leicht selbst herstellen.

teil, dass man viel schneller ans gewünschte Ziel kommt. Der Patient lernt, die Muskeln einzelner Körperpartien gezielt anzuspannen und wieder zu lösen. So ballt man beispielsweise die Faust einige Sekunden lang und lässt sie im Anschluss daran wieder locker. Durch den Wechsel von Spannung und Entspannung erlebt man die Entspannung besonders intensiv und kommt in einen Zustand von Ruhe und Gelassenheit.

Wer die progressive Muskelentspannung nicht alleine üben will, findet in vielen Volkshochschulen oder Gymnastikstudios Mitstreiter und Anleitung.

Was beim Üben zu beachten ist

Die Übung dauert etwa 10 bis 15 Minuten und hat den Vorteil, dass man sie auch zu Hause und ohne Anleitung erlernen und durchführen kann. Ziehen Sie sich in bequemer Kleidung in ein stilles Zimmer zurück, und legen Sie sich entspannt auf den Rücken. Kleine Kissen können den Nacken oder die Knie unterstützen. Die Arme liegen locker neben dem Körper.

- In der Anspannungsphase lenken Sie die Aufmerksamkeit auf die anzuspannende Muskulatur. Spannen Sie die Muskulatur soweit an, wie Ihnen das entstehende Spannungsgefühl gerade noch angenehm ist. Halten Sie die Spannung für etwa sieben Sekunden. Während der Anspannung atmen Sie ruhig und gleichmäßig weiter.
- Beginnen Sie die Phase der Entspannung, indem Sie mit der Ausatmung alle Spannung aus der aktivierten Muskulatur fließen lassen. Wie fühlt sich der Zustand der Entspannung an? Was ist anders als im Zustand der Anspannung? Genießen Sie die Entspannung ungefähr eine halbe Minute.
- Wiederholen Sie den Zyklus Anspannen-Entspannen noch einmal, bevor Sie gedanklich zur nächsten Muskelgruppe wandern. Zum Schluss der gesamten Übung spannen Sie alle Muskelgruppen, die Sie trainiert haben, gleichzeitig an und lösen sie wieder.
- Danach sollten Sie sich »zurückholen«, indem Sie sich intensiv räkeln und strecken oder ausgiebig gähnen. Auch ein leichtes Abklopfen des Körpers mit den Handflächen erfrischt und aktiviert Körper und Geist wieder.

Übungsfolge progressive Muskelentspannung

1. Spannen Sie Ihre Zehen so fest an, wie Sie können. Stellen Sie sich dabei am besten vor, dass Sie die Füße zur Faust ballen. Lösen Sie die Spannung.
2. Drücken Sie bei ausgestreckten Beinen Füße und Zehen nach unten. Spüren Sie die Spannung in den Waden? Lösen Sie die Spannung.
3. Spannen Sie gleichzeitig – bei ausgestreckten Beinen – Gesäß- und Oberschenkelmuskeln an. Lösen Sie die Spannung plötzlich.
4. Spannen Sie die Schließmuskeln von Blase und Po kurz an, als wollten Sie Wasser und Stuhlgang zurückhalten. Bauch- und Gesäßmuskulatur bleiben dabei entspannt. Lösen Sie die Spannung.
5. Drücken Sie den Bauch so weit nach außen wie Sie können, und spannen Sie dabei die Bauchmuskulatur an. Lösen Sie die Spannung plötzlich.
6. Machen Sie den Rumpf hart wie ein Brett, ziehen Sie die Schulterblätter zusammen, spannen Sie den Bauch an, und kneifen Sie den Po zusammen. Lösen Sie die Spannung.
7. Atmen Sie tief in den Brustraum ein. Dabei weiten Sie die Brust und halten die Spannung. Lösen Sie die Spannung zügig.
8. Ballen Sie Ihre Hände zu Fäusten. Heben Sie die Fäuste in Richtung Oberarme. Spannen Sie die Muskeln der Oberarme an. Lassen Sie anschließend die Arme auf die Unterlage fallen. Drücken Sie die ausgestreckten Arme und Hände gegen die Unterlage, die Handflächen zeigen dabei nach oben. Entspannen Sie.
9. Ballen Sie die rechte Hand zur Faust. Halten Sie kurz die Spannung. Öffnen Sie die Faust anschließend rasch. Verfahren Sie mit der linken Hand genauso.
10. Beißen Sie die Zähne zusammen, kneifen Sie die Augen zu, spannen Sie die Gesichtsmuskeln an. Stellen Sie sich vor, Sie müssten das Gesicht ganz klein machen. Lockern Sie anschließend die Gesichtsmuskulatur.
11. Spannen Sie alle Muskelgruppen, die Sie trainiert haben, gleichzeitig an. Halten Sie die Spannung kurz. Danach »zurückholen«, räkeln und strecken.

Achten Sie beim Üben sowohl auf eine angenehme Temperatur im Raum als auch auf bequeme Kleidung aus atmungsaktiven Materialien. Synthetikfasern, in denen Sie schwitzen, sollten Sie unbedingt meiden.

In und Out im Rückensport

Um es gleich vorab zu sagen: Sport (nicht Hochleistungssport) ist gesund – auch und gerade für den Rückenkranken! Durch die rhythmische Be- und Entlastung und durch das Training der Rumpfmuskulatur wird die Wirbelsäule stabilisiert. Der Aufbau von Knochenmasse wird angeregt, es erfolgt eine positive Anpassung von Sehnen, Bändern und Knorpeln. Garantiert haben viel mehr Menschen Probleme mit ihrem Kreuz, weil sie keinen Sport treiben, als umgekehrt. Je weniger wir uns bewegen, desto schneller sind die Bandscheiben verschlissen und die Knochen entkalkt.

Sport soll Spaß machen. Manch einer muss erst mehrere Sportarten ausprobieren, bevor er seine gefunden hat. Wichtig ist auch, Gleichgesinnte zu haben, die Körpertraining ebenfalls zum Ausgleich und weniger unter dem Leistungsaspekt betreiben.

Mäßig aber regelmäßig

Natürlich kann Sport auch Schaden anrichten, und selbstverständlich ist nicht jede Sportart Balsam für den Rücken. Untersuchungen haben jedoch gezeigt, dass Sportschäden hauptsächlich an schon vorher geschädigten Wirbelsäulen auftreten. Günstig für den Rücken sind grundsätzlich alle Sportarten mit dynamisch rhythmischer Beanspruchung wie z.B. Rückenschwimmen, Joggen oder Skilanglauf. Als riskant gelten Sportarten mit übertriebenen Beugungen und Drehungen, insbesondere aber mit übermäßigen Streckungen. Generell sollte man sich an folgende Regel halten: Nicht zu intensiv, nicht zu schnell – dafür regelmäßig und ausdauernd. Achten Sie auch auf Ihre Körpersignale. Bereiten Ihnen bestimmte Bewegungsabläufe Schmerzen, verzichten Sie lieber auf diese Sportart. Welche Sportarten für den Rücken besonders positiv sind und welche ihn eher schädigen, zeigt Ihnen die folgende Übersicht.

Fußball

Trainiert werden beim Fußballspielen Kraft, Ausdauer und Beweglichkeit. Allerdings sind Überstreckungen und Verdrehungen sportarttypisch. Speziell im Eifer des Gefechts werden schnell die Grenzen überschritten, die ein vorgeschädigter Bewegungsapparat verträgt.

▶ Risiken für den Rücken: große Verletzungsgefahr bei Zweikämpfen, wenn der Oberkörper bei feststehendem Becken rotiert. Bei Kopfballduellen ist die Wirbelsäule schnell überstreckt. Das Schussbein wird einseitig belastet.
Tipp: Steigen Sie bei Zweikämpfen nicht zu hart ein. Verkürzte Muskeln im Hüft- und Beinbereich werden durch den sinnvollen Einbau von Dehnübungen ins Training korrigiert.

Vermeiden Sie einseitiges Training. Und denken Sie an die Dehnübungen. Es kommt sonst zu Muskelverkürzungen.

Golf

An diesem Sport scheiden sich die Geister. Viele ältere Tennisspieler schwenken auf Golf um, weil sie meinen, dass Sie es ihrem Kreuz nicht mehr zumuten können, dem kleinen Filzball nachzujagen. Und augenscheinlich geht es auf Golfplätzen viel gemütlicher zu als auf dem Tenniscourt. Aber man muss sagen: Es kommt darauf an!
▶ Die Gefahren für den Rücken: Die Drehung der Lendenwirbelsäule bei einem weit ausgeholten, voll durchgezogenen Treibschlag kann Zwischenwirbelgelenke und Bandscheiben heftig reizen.
Tipp: Aufwärmtraining ist auch bei Golf äußerst wichtig. Zudem sollte man sich von einem Profi eine rückenfreundliche Schwung- und Schlagtechnik zeigen lassen.

Jogging

Laufen kräftigt die Rückenmuskeln und massiert die Bandscheiben. Auch die Knochen und der Bandapparat der Wirbelsäule profitieren.
▶ Risiken: Erschütterungen durch das Laufen auf hartem Untergrund und ungenügendes Schuhwerk können die Wirbelsäule beeinträchtigen und Schmerzen auslösen. Besonders Übergewichtige und Menschen mit schwacher Rückenmuskulatur sollten darauf achten.
Tipp: Sparen Sie nicht bei den Laufschuhen. Ein gutes Dämpfungssystem kann Ihnen Kreuzschmerzen ersparen. Bevorzugen Sie weiche Waldböden, achten Sie auf einen leicht nach vorn geneigten Oberkörper und Kopf. Setzen Sie beim Laufen immer zuerst die Fersen auf, und rollen Sie dann über den ganzen Fußballen ab.

Muskeltraining an Geräten

	Stand-fahrrad	Stepper	Lauf-band	Ruder-gerät	Skilang-laufgerät	Rücken-trainer	Multi-trainer
Herz/ Kreislauf	•••	••	•••	•••	•••	•	•
Beine/ Po	•••	••	•••	••	••	•	••
Arme	•	••	•	•••	••	•	•••
Rumpf	•	••	••	•••	•••	••	•••
Kraft-aufbau	••	•	•	•••	••	•	•••

• = mäßig •• = gut ••• = sehr gut

Krafttraining

Viele Fahrräder der neuen Generation verfügen über eine raffinierte Dämpfungstechnik, die Schüttelattacken auf Bandscheiben abfangen.

Bodybuilding an Fitnessgeräten bietet fast alle Möglichkeiten, Rückenprobleme in den Griff zu bekommen. Krafttraining kann den Abbau von Muskelmasse verlangsamen, der Osteoporose langfristig vorbeugen sowie Wirbelsäule und Gelenke entlasten. Mit gezielten Übungen kann auch die schlaff gewordene Bauch- und Rückenmuskulatur trainiert werden.

▶ Gefahren für den Rücken: Da man an den Trainingsgeräten vieles falsch machen kann, ist eine fachkundige Betreuung das A und O.

Tipp: Gehen Sie ohne Anleitung nie an ein Gerät, das Sie noch nicht kennen. Vermeiden Sie alle ruckartigen Bewegungen. Das Heben von Gewichten ist besonders risikoreich, insbesondere dann, wenn man die Technik nicht beherrscht.

Radfahren

Radfahren trainiert speziell die Beinmuskulatur. Da das Körpergewicht auf dem Sattel ruht, werden Beine und Gelenke entlastet. Der Belastungsdruck auf die Lendenbandscheiben ist nur geringfügig erhöht.

▶ Die Gefahren für den Rücken: Ist der Lenker zu niedrig eingestellt, gerät die Wirbelsäule in eine ungünstige Rundrückenposition (Radfahrerbuckel). Auch eine kerzengerade Haltung ist auf Dauer belastend, weil die Wirbelsäule das gesamte Gewicht des Oberkörpers tragen muss und Stöße direkt auf die Lendenwirbel übertragen werden.
Tipp: Auf längeren Radtouren sollte der Rücken leicht nach vorn gebeugt und gerade sein. Diese Haltung nehmen Sie ein, wenn Sattel und Lenker etwa die gleiche Höhe haben.

Bei vielen Rückenproblemen kann therapeutisches Reiten Linderung verschaffen. Erkundigen Sie sich nach den Möglichkeiten in Ihrer Nähe.

Reiten

Bei den verschiedenen Gangarten des Pferds wird fast die gesamte Muskulatur des Reiters gekräftigt, insbesondere die Rückenmuskulatur. Die Auf- und Abwärtsbewegungen im Sattel sind beste Bandscheibenpflege, da keine Drehbewegungen stattfinden.
▶ Die Gefahren für den Rücken: Entscheidend ist der korrekte Sitz des Reiters. Bei Anfängern und schlechten Reitern wird die Wirbelsäule kräftig durchgeschüttelt.
Tipp: Am schonendsten sind der leichte Trab und der Schritt. Aufs Springen sollten Reiter mit Rückenproblemen ganz verzichten.

Regelmäßiges Reiten kann die Rückenmuskulatur kräftigen und Haltungsschäden ausgleichen. Die aufrechte Haltung und der richtige Sitz sind jedoch wichtig, um einseitige und/oder falsche Belastungen zu vermeiden.

Schwimmen

Durch den Auftrieb des Wassers wird die Wirbelsäule spürbar entlastet. Davon profitieren insbesondere Übergewichtige und Menschen mit akuten Wirbelsäulenbeschwerden. Von Schmerzen und der Erdenlast befreit, bewegen sie sich plötzlich viel leichter und intensiver, was besonders den Gelenken und Bandscheiben zugute kommt. Zudem werden die Muskeln gekräftigt und Haltungsschäden ausgeglichen. Rücken- und Seitenschwimmen sind besonders empfehlenswert.

▶ Die Gefahren für den Rücken: Beim Brustschwimmen werden Lenden- und Halswirbelsäule überstreckt, wenn man nur mit dem Kopf über Wasser schwimmt. Dadurch kann es zu Verspannungen im Schulter- und Nackenbereich kommen.

Tipp: Achten Sie auf lange Gleitphasen, atmen Sie unter Wasser aus, wie es auch die Profis machen. Hier kann eine Schwimmbrille hilfreich sein. Auf Delphinschwimmen (Butterfly) sollten Menschen mit Rückenproblemen verzichten.

Durch wechselnde Schwimmstile wird der Rücken am besten trainiert. Lassen Sie sich von Ihrem Therapeuten rückenschonende Schwimmhaltungen beibringen.

Risiken der verschiedenen Sportarten

Sportarten ohne großes Risiko	Teils freundlich, teils belastend	Belastende Sportarten
Laufen auf weichem Untergrund	Handball	Golf
Schwimmen	Fußball	Tennis
Radfahren	Volleyball	Skiabfahrtslauf
Tanzen (kein Turniertanz)	Basketball	Gewichtheben
Musikgymnastik	Turnen	Ringen
Skilanglauf	Tischtennis	Rudern
Eislaufen	Rodeln	Segeln
Tauchen	Baseball	Surfen
Schnorcheln	Reiten	Kanufahren
Wandern	Krafttraining	Squash
		Hockey
		Badminton

Skifahren

Beim Skilanglauf wird ein Großteil der Skelettmuskulatur in die Bewegungsabläufe einbezogen. Bauch-, Gesäß- und Rückenmuskulatur werden gleichmäßig trainiert. Für die Bandscheiben gibt es kaum eine bessere Sportart als gemütliches Skiwandern.

▶ Die Gefahren für den Rücken: Alpiner Skilauf stresst Wirbelsäule und Bandscheiben – besonders auf der Buckelpiste. Extrem gefährlich sind plötzliche Stauchungen oder falsches Aufsetzen nach einem Sprung. Auch die Drehbewegungen beim Parallelschwung und die nach vorn geneigte Körperhaltung sind Gift für Ihr Kreuz.

Tipp: Bereiten Sie sich mit spezieller Skigymnastik auf die Wintersaison vor, trainieren Sie besonders die Bein- und Rumpfmuskulatur.

Surfen

Bei wenig Wind sind Körpergefühl und Geschicklichkeit gefordert, um sich auf dem wackligen Brett zu halten. Wenn es richtig bläst, werden hauptsächlich Bein-, Brust- und Rückenmuskeln trainiert.

▶ Gefahren für den Rücken: Für Anfänger ist das Aufholen des Segels aus dem Wasser besonders kritisch.

Tipp: Gehen Sie öfter leicht in die Knie, um den Rücken zu entlasten.

Profis kennen Techniken, die es ihnen erlauben, das Surfsegel auch ohne großen Kraftaufwand aus dem Wasser zu ziehen. Sie verlagern z. B. ihr Gewicht auf den Rand des Surfbretts. Dadurch werden die Adhäsionskräfte des Wassers geschwächt, und das Segel hebt sich fast wie von selbst.

Tanzen

Tanzen zu stimmungsvoller Musik löst und entspannt. Die rhythmischen Bewegungen lockern die gesamte Muskulatur, fördern die Beweglichkeit und den Stoffaustausch in den Bandscheiben.

▶ Die Gefahren für den Rücken: Problematisch sind abrupte Bewegungen aus dem Hüft- und Beckenbereich, das Überstrecken des Rückens sowie das Drehen und Beugen der Lendenwirbelsäule. Akrobatische Sprünge und Würfe wie beim Rock 'n' Roll sind für Rückenpatienten ebenfalls nicht zu empfehlen.

Tipp: Wenn Sie bereits Probleme mit dem Rücken haben, verzichten Sie besser auf temperamentvolle Tänze, die Ihre Wirbelsäule belasten.

Nach einer Verletzung der Wirbelsäule, etwa bei einem Wirbelbruch, darf Sport erst wieder nach vollständiger Heilung ausgeübt werden. Bei vorgeschädigter Wirbelsäule sollte auf Hochleistungssport verzichtet werden.

Tennis

Die häufigen Verletzungspausen der Spitzenspieler zeigen es bereits an: Tennis mit seinen unterschiedlichen Bewegungsabläufen ist eine starke Belastung für Muskulatur und Wirbelsäule.

▶ Die Gefahren für den Rücken: Der Aufschlag ist besonders risikoreich. Beim weiten Ausholen nach hinten kommt es zu einer Überstreckung der Lendenwirbelsäule, beim Durchschwingen des Arms zur anderen Körperseite zusätzlich zu einer Drehbewegung – gleich zwei »Rotphasen« für die Bandscheiben kurz nacheinander. Die Drehbewegung bei der Rückhand ist ebenfalls eine hohe Belastung für die Bandscheiben.

Tipp: Lassen Sie sich von einem Profi eine rückenfreundliche Technik zeigen. Machen Sie notfalls den Aufschlag von unten, falls Sie bei der Überstreckung der Rückens Probleme bekommen. Beenden Sie ein Match sofort, wenn Sie Schmerzen verspüren, und vermeiden Sie Spiele auf harten Böden.

Ausdauersport für Senioren

»Es ist nie zu spät und selten zu früh«, dieses Sprichwort gilt auch für den Sport. Auch in fortgeschrittenem Alter reagiert der Körper äußerst positiv auf sportliche Aktivitäten.

Lohnt es sich, noch mit 60 oder 70 Jahren sportlich aktiv zu werden? Eine Studie aus Baltimore (USA) zeigt, dass diese Frage eindeutig mit Ja zu beantworten ist.

Männer zwischen 53 und 76 Jahren, die gerade erst mit dem Laufen angefangen hatten, waren in wenigen Monaten genauso fit wie Gleichaltrige, die ihr Leben lang Sport getrieben hatten.

Ältere Menschen sollten beim Sport den Schwerpunkt auf die Ausdauer legen. Etwa 70 Prozent des Trainings sollten der Ausdauer gewidmet sein, 20 Prozent die Beweglichkeit und Koordination fördern und zehn Prozent dem Aufbau neuer Kraft dienen.

Für Senioren ist die Schulung von Koordination und Gleichgewicht wichtig. Dadurch kann Unfällen und Stürzen wirkungsvoll vorgebeugt werden. Viele Sportvereine bieten heute Sportkurse speziell für die ältere Generation an.

Zehn Regeln zum Thema »Sport«

1. Entscheiden Sie sich nicht für eine Sportart, nur weil diese gerade »in« ist, oder weil Sie durch den Sport berufliche Verbindungen knüpfen können. Sport soll Vergnügen bereiten. Wenn Sie als Kind immer von Schlittschuhen geträumt, sie aber nie bekommen haben, dann fangen Sie jetzt mit Eislaufen an.
2. Zum Trimmen ist es nie zu spät – auch wenn man viele Jahre keinen Sport getrieben hat. Am Anfang der sportlichen Aktivitäten sollte jedoch eine ärztliche Untersuchung stehen, um den Gesundheitszustand zu überprüfen und eventuelle Risiken abzuklären.
3. In der Gemeinschaft macht Sport noch mehr Spaß. Laden Sie die Familie, Freunde oder Nachbarn zu einer Wanderung, einer Radtour oder zum Waldlauf ein. Oder gehen Sie zu einem Lauftreff. Dort sind auch Anfänger gern gesehen.
4. Sport sollte zu einem festen Bestandteil Ihrer Freizeit werden. Tragen Sie Ihre Fitnesstermine rot im Kalender ein – und lassen Sie nichts dazwischenkommen.
5. Die wichtigsten Muskelgruppen sollten Sie täglich wenigstens einmal kurz und kraftvoll trainieren, z. B. durch eine »Runde« auf dem Standfahrrad.
6. Bewegen Sie jeden Tag einmal gezielt Ihre Gelenke in ihrem vollen Spielraum, z. B. durch Federn und Dehnen, Beugen und Strecken.
7. Fahren Sie öfter Rad und weniger Auto. Benutzen Sie die Treppe statt des Aufzugs.
8. Der Puls sollte täglich einmal 180 Schläge minus Lebensalter (bei 40 Jahren z. B. 180 minus 40 = 140 Schläge) erreichen, aber auch nicht viel mehr.
9. Ernähren Sie sich abwechslungsreich, aber essen Sie mäßig. Zu viel Fett macht fett. Überschüssige Kalorien können Sie nur durch Bewegung und körperliche Aktivität verbrauchen.
10. Nicht die gelegentliche Kraftleistung, sondern Stetigkeit und Ausdauer sind gefragt. Fangen Sie mit wenig an, aber bleiben Sie »am Ball«. Der Spaß am Sport wächst erfahrungsgemäß erst mit der besser werdenden Kondition.

Unzählige Unfälle passieren Jahr für Jahr bei so normalen und alltäglichen Tätigkeiten wie Bücken, Heben oder Tragen, d. h. ohne große sportliche Aktivitäten oder risikoreiche Hobbys.

Zu schwere und falsch getragene Schulranzen sind häufig die Ursache für spätere Rückenschäden bei Kindern.

Rückenschule – sich neu bewegen

Richtig stehen, sitzen, liegen, bücken oder tragen – das müssen die meisten Menschen, die Ärger mit der Wirbelsäule haben, erst wieder lernen. Auf den folgenden Seiten finden Sie die wichtigsten Regeln dazu.

Richtig heben und tragen

Druckveränderungen

Von morgens bis abends ist die Wirbelsäule den unterschiedlichsten Belastungen ausgesetzt. Der Druck auf die Bandscheiben ändert sich bei jeder Bewegung. Bereits im Sitzen mit nach vorn gebeugtem Kreuz ist der Druck auf die Bandscheiben rund siebenmal so groß wie beim Schlafen in Rückenlage.
Wird ein 50 Kilogramm schwerer Gegenstand falsch angehoben, ist der Druck sogar 28-mal höher.

Tipp:
Eine Entlastung des Rückens erreichen Sie auch, wenn Sie einfach jemanden bitten, Ihnen beim Tragen zu helfen!

Die richtige Hebetechnik

Denken Sie an die Gewichtheber, die in kürzester Zeit mehrere Zentner in die Höhe bringen. Solche Leistungen sind – will man schweren Verletzungen aus dem Weg gehen – nur mit einer optimalen Bewegungstechnik zu vollbringen. Diese Bewegungstechnik empfiehlt sich auch in ganz banalen Alltagssituationen:

- Treten Sie so dicht wie möglich an den zu hebenden Gegenstand heran.
- Gehen Sie in leichter Grätschstellung und mit geradem Oberkörper so weit in die Hocke, dass Sie die Last mit beiden Händen greifen

können (maximal 90 Grad, tiefere Kniebeugen mit zusätzlicher Belastung bergen ein Risiko für Knorpelabnutzung).

- Ergreifen Sie den Gegenstand, ziehen Sie ihn an den Körper heran, und gehen Sie mit geradem Rücken aus der Hocke in den Stand.

Heben aus dem Einbeinkniestand

- Gehen Sie in die Schrittstellung.
- Neigen Sie den geraden Oberkörper durch Kippen des Beckens im Hüftgelenk nach vorn. Beugen Sie das vordere Knie. Beim Einbeinkniestand dient das vordere Bein als Rückenstütze.
- Spannen Sie die Rumpfmuskulatur an. Dadurch wird die Wirbelsäule stabilisiert, durch die so genannte Bauchpresse werden die Bandscheiben entlastet. Jetzt die Last gleichmäßig durch Strecken des Hüft-, Knie- und Sprunggelenks anheben. Wichtig ist, dass Sie die Last immer ganz nah am Körper halten, wenn Sie sich aufrichten.

Immer in die Hocke gehen!

Auch wenn Sie keine Gewichte stemmen – beim Beladen des Geschirrspülers, beim Auffegen von Scherben, beim Öffnen der unteren Schubladen, beim Anziehen der Schuhe –, sollten Sie grundsätzlich in die Hocke gehen!

Wenn Sie Bauch und Po anspannen, ist Ihre Wirbelsäule optimal stabilisiert, um sogar schwere Lasten ohne Schäden heben zu können.

Lasten richtig tragen

- Teilen Sie die Traglasten wenn möglich auf. Lieber öfter gehen und kleinere Lasten tragen!
- Verteilen Sie mehrere Traglasten gleichmäßig.
- Tragen Sie schwere Gewichte immer dicht am Körper. Je größer der Abstand zwischen Traglast und Körper ist, umso höher ist die Belastung für die Wirbelsäule, insbesondere für die Bandscheiben.
- Grundsätzlich ist das Tragen von Lasten auf dem Rücken (z. B. mit einem Rucksack oder Schulranzen) gesünder als das Tragen vor dem Körper. Aber passen Sie auf, dass der Rucksack Sie nicht ins Hohlkreuz zieht.

So groß ist der Druck auf die Bandscheiben

Tätigkeit	Belastung der Lendenwirbelsäule
Liegen auf dem Rücken	etwa 25 Kilogramm
Liegen in der Seitlage	etwa 75 Kilogramm
Gehen	etwa 85 Kilogramm
Stehen	etwa 100 Kilogramm
Gerades Sitzen ohne Armlehne	etwa 140 Kilogramm
Im Sitzen nach vorn beugen	etwa 175 Kilogramm
Aufrichten aus der Rückenlage	etwa 180 Kilogramm
Anheben von 50 Kilogramm aus der Hocke	etwa 200 Kilogramm
Anheben von 50 Kilogramm mit nach vorn geneigtem Oberkörper	etwa 700 Kilogramm

Sitzend in Bewegung bleiben

80 000 Stunden am Schreibtisch – das hält kein Kreuz aus!

Für Arbeitsmediziner steht fest: Die Deutschen sitzen sich krank! Büromenschen verbringen im Durchschnitt 80 000 Stunden ihres Lebens am Schreibtisch (die Schulzeit – auf dürftigen Stühlen – nicht mitgerechnet). Um die 20 Millionen Bundesbürger verrichten ihre Arbeit vorwiegend im Sitzen. Aber nicht nur im Büro, auch zu Hause sitzen wir, beim Fernsehen, beim Essen, beim Zeitunglesen.

Im Sitzen ist der Körperschwerpunkt nach vorn verschoben, so dass die Rückenmuskeln gegen ein Vornüberfallen des Körpers arbeiten müssen.

Wir sitzen uns krank

Langes, verkrampftes Sitzen belastet den gesamten Halte- und Bewegungsapparat. Wenn Bandscheiben schreien könnten – wir müssten uns vor lauter Wehklagen die Ohren zuhalten. Für sie ist Sitzen eine harte Strafe, auch wenn der Mensch die Ruheposition anfangs als angenehm empfindet. Da Bandscheiben jedoch keine Nerven haben, können sie die Peinigungen nicht über Schmerz signalisieren. Erst wenn es zu spät ist, bekommen wir die Quittung!

Vorbild Zappelphilipp?

Versuchen Sie, künftig mehr dynamisch zu sitzen. D. h., im Sitzen wird die Haltung immer wieder verändert. Dies ist ein gutes Mittel, die Bandscheiben zu entlasten und damit Rückenschmerzen zu vermeiden. Der zweite Problempunkt betrifft den Sitzplatz selbst. Merkwürdig ist es schon: Unsere Kleidung suchen wir uns nach Größe und Statur aus. Doch für Stühle und Sessel scheint die Devise zu gelten: einer für alle.

Richtiges Sitzen und die ergonomisch optimale Ausstattung des Arbeitsplatzes könnten durchaus einmal Thema einer firmeninternen Fortbildung sein.

Sitzmöbel passen nicht für jeden

Unpassende Sitzmöbel können den Körper nachhaltiger martern als eine Hose, die im Schritt etwas kneift. Ist die Sitztiefe zu groß, fallen wir gern in den Rundrücken. Ist sie zu gering, sitzen wir zu starr. Ist der Stuhl zu hoch, entsteht Druck auf die Oberschenkel. Ist er zu niedrig, wird der Bauch zusammengepresst, und das zwingt uns wiederum in den Buckel. Die Folge sind Ischialgien, Neuralgien, Muskelverhärtungen und Verspannungen.

Der optimale Sitzarbeitsplatz

- Die Sitzfläche des Bürostuhls ist körpergerecht geformt – vorn gerundet und gut abgepolstert, um Blutstauungen in den Beinen zu vermeiden.
- Die Rückenlehne unterstützt die natürliche Form der Wirbelsäule im Sitzen (Wölbung im unteren und mittleren Teil). Der gesamte Lendenwirbelsäulenbereich ist großflächig abgestützt. Die Oberkante der Rückenlehne reicht bis zu den Schulterblättern.
- Die Sitzhöhe richtet sich nach der Höhe der Arbeitsebene. D. h., wenn Sie die Arme im Sitzen locker auf den Tisch legen, bilden Oberarme und Unterarme einen Winkel von 90 Grad und mehr. Oberschenkel und Unterschenkel bilden im Sitzen einen Winkel von 90 bis 100 Grad.
- Eine Fußstütze oder ein Fußkeil ist dann sinnvoll, wenn die Füße ansonsten in der Luft schweben.

Rückenfreundlich durch den Tag

Rückenschmerzen sind in der Regel die Summe vieler kleiner Sünden des täglichen Lebens. Starres Sitzen am Computer, langes Stehen, Marathonautofahren, Gartenarbeit in gekrümmter Haltung, überhaupt jede einseitige Arbeitsbelastung – das alles trägt unweigerlich zum Verschleiß von Wirbelgelenken und Bandscheiben bei. Wie ein rückenfreundlicher Alltag aussehen könnte, zeigt folgender Beispieltag.

Tipp:
Das Gütesiegel »Geprüft & empfohlen« der Aktion Gesunder Rücken e. V. hilft bei der Auswahl geeigneter Sitzmöbel. Unabhängige Fachleute garantieren eine neutrale Produktprüfung unter verschiedenen gesundheitlichen Aspekten.

Tagesbeginn mit Dehnen und Strecken

6.30 Uhr. Der Wecker klingelt. Aufstehen! Sie dehnen und strecken sich. Dann rutschen Sie zur Bettkante hin. Aus der Seitenlage stützen Sie Ihren Oberkörper mit geradem Rücken in die Höhe und senken gleichzeitig Ihre Beine zum Boden.

Morgentoilette und Anziehen

6.45 Uhr. Zähneputzen! Sie stehen aufrecht, breitbeinig mit leicht gebeugten Knien vor dem Spiegel. Ein paar Grimassen bringen die Gesichtsmuskulatur in Schwung. Ein Lächeln zum Schluss lässt den Tag freundlich beginnen. Zum Haarewaschen beugen Sie sich über das Waschbecken, indem Sie ein Bein nach hinten stellen, den Po etwas nach hinten herausschieben und den Rücken lang machen. Während Sie in Ihre Hose schlüpfen, lehnen Sie sich mit geradem Rücken gegen eine Wand oder einen Schrank.

Bewegung im Büro

7.30 Uhr. Nun geht's ins Büro. Da das Wetter schön ist, lassen Sie das Auto stehen und nehmen das Fahrrad. Busfahrer verschaffen sich Bewegung, indem sie erst eine Haltestelle später einsteigen oder den Bus bereits vor der Zielhaltestelle verlassen.
8.00 Uhr. Sie sitzen »dynamisch« an Ihrem Schreibtisch, d.h., Sie wechseln beim Arbeiten immer wieder ihre Sitzposition. Mal lehnen

Sie sich nach hinten, mal nach vorn. Zwischendurch stehen Sie auf oder stützen sich auf der Tischplatte ab.

8.30 Uhr. Minipause! Sie verschränken die Hände hinter dem Kopf, recken und strecken sich, stemmen sich auf den Armlehnen des Stuhls hoch.

9.00 Uhr. Wichtige Telefonate können Sie auch im Stehen erledigen. Mit dem Hörer in der Hand gehen Sie ein paar Schritte auf und ab, das tut nicht nur dem Rücken gut, sondern fördert auch Reaktionsvermögen und Konzentration.

10.00 Uhr. Bürogymnastik. Sie nutzen die Gelegenheit, dass Sie allein im Zimmer sind, zu ein paar Übungen.

12.30 Uhr. Mittagspause. Sie nehmen nicht den Fahrstuhl, sondern laufen durchs Treppenhaus ins Freie. Die Kantine lassen Sie links liegen, dafür gehen Sie zum Italiener drei Straßen entfernt.

Jeder Haltungswechsel wirkt sich positiv auf die Bandscheiben aus. Längeres Verharren in einer Position ist immer schädlich.

Fit nach der Mittagspause

13.15 Uhr. Rückweg zum Büro. Ein Kollege stoppt am Straßenrand und will Sie mitnehmen. Sie lehnen ab und wetten mit ihm, dass Sie schneller zurück sind als er.

Nicht alle Termine sind nur mit dem Auto zu erreichen, oft ist man im Berufsverkehr mit dem Fahrrad schneller. Zudem kurbelt man den Kreislauf an und verschafft seinem Körper etwas Bewegung.

> In der Freizeit sollten besonders jene Muskeln beansprucht werden, die während des Arbeitstags eher brachliegen. Sonst geht auf Dauer das fein austarierte Gleichgewicht zwischen den Muskelgruppen verloren.

13.30 Uhr. Konferenz im kleinen Sitzungssaal. Sie setzen sich nicht an den runden Tisch, sondern bleiben an einer Wand stehen. Ihre momentane Haltung verändern Sie ständig. Mal lehnen Sie sich mit dem Rücken an die Wand, mal stützen Sie sich mit den Händen auf einer Stuhllehne ab.
14.00 Uhr. Sie müssen ein Kurzreferat am Stehpult halten. Dabei stellen Sie mal den rechten, mal den linken Fuß auf die Fußstütze. Sollte keine Fußstütze vorhanden sein, knicken Sie mit leicht gespreizten Beinen etwas in den Kniegelenken ein. Zwischendurch verlagern Sie Ihr Körpergewicht auf das jeweils nach vorn gestellte Standbein.
14.30 Uhr. Konferenzende. Auf dem Flur nagelt Sie ein Kollege fest und will mit Ihnen Termine absprechen. Sie bleiben nicht wie angewurzelt stehen, sondern gehen mit Ihrem Gesprächspartner ein paar Schritte auf und ab.
15.30 Uhr. Kaffeepause. Sie bleiben nicht am Schreibtisch hocken, sondern flitzen über die Treppen in die Kantine.

Gesunde Bewegung in der Freizeit

17.00 Uhr. Feierabend. Mit dem Fahrrad geht's wieder nach Hause. Wie wäre es mit einem kleinen Umweg durch den Stadtpark?
17.30 Uhr. Gartenarbeit. Beim Unkrautjäten und beim Pflanzen gehen Sie in den Kniestand. D.h., Sie knien auf einem Bein, das andere Bein stellen Sie angewinkelt nach vorn.
18.30 Uhr. Staubsaugen ohne »Katzenbuckel«. Der Staubsauger verfügt über einen Teleskopstiel, den Sie so weit ausfahren, dass Sie die Arbeit aufrecht verrichten können. Unter Tischen, Betten oder Sofas saugen Sie mit gebeugten Knien, während der Rücken gerade bleibt.
19.00 Uhr. Auch die Bügelarbeit kann man rückenfreundlich gestalten. Stellen Sie das Bügelbrett 10 bis 15 Zentimeter unter Ellbogenhöhe ein. Um unnötiges Bücken zu vermeiden, legen Sie am besten die Bügelwäsche in rückenfreundlicher Höhe auf einen Stuhl. Beim Bügeln wechseln Sie öfter das Standbein.
19.30 Uhr. Ein kleines Gymnastikprogramm stärkt die Bauch- und Rückenmuskulatur.

Ausgeglichen in den Feierabend

20.00 Uhr. Tagesschau. Sie machen es sich im Liegesessel bequem. Die Beine lagern Sie hoch, unter die Lendenwirbel schieben Sie ein Kissen.
20.15 Uhr. Spaziergang um den Block. Sie ziehen die bequemen Joggingschuhe an und überreden Ihren Nachbarn, mitzukommen. Unterwegs legen Sie immer wieder Tempowechsel ein.
21.00 Uhr. Sie lesen ganz entspannt die Tageszeitung in der Badewanne. Dazu lassen Sie heißes Wasser ein und geben einen Extrakt aus Fichtennadeln als Badezusatz hinzu.
22.00 Uhr. Ab in die Federn! Das Hinlegen geschieht wie das Aufstehen, nur umgekehrt. Sie setzen sich auf die Bettkante. Dann werden die Beine ins Bett gehoben, wobei der Po als Dreh- und die Arme als Stützpunkt dienen. Nun senken Sie den Oberkörper in die Kissen.

So ändern Sie Ihre Gewohnheiten

Es braucht seine Zeit, bis Ihnen rückenfreundliches Verhalten in Fleisch und Blut übergegangen ist. Einige psychologische Tipps können helfen, lieb gewonnene, aber schlechte Gewohnheiten zu ändern.

▶ Überfordern Sie sich nicht. Gehen Sie Änderungen langsam an, eine nach der anderen.

▶ Setzen Sie sich kleine, realisierbare Ziele. Fassen Sie Ihre Vorsätze nur tageweise, und begrenzen Sie sie auf einen Lebensbereich.

▶ Nutzen Sie Erinnerungshilfen! Erinnern ist die Voraussetzung für eine dauerhafte Verhaltensänderung. Ein kleiner roter Klebepunkt an Ihrem Schreibtisch könnte Sie beispielsweise immer daran erinnern, aufrecht und dynamisch zu sitzen.

▶ Optimieren Sie Ihren Arbeitsbereich. Stellen Sie z.B. das Telefon auf ein Stehpult oder eine Fensterbank. Bei allen Telefonaten kommt es so automatisch zu einem dynamischen Haltungswechsel.

▶ Setzen Sie gute Vorsätze sofort in die Tat um.

▶ Auch wenn es nicht immer perfekt klappt – werfen Sie nicht das Handtuch!

Erstaunlicherweise ist es einfacher, schlechte Gewohnheiten anzunehmen als gute. Bauen Sie sich Eselsbrücken, kleben Sie sich beispielsweise abends eine Notiz an den Spiegel mit den guten Vorsätzen für den neuen Tag.

Wichtig bei allen Übungen ist die korrekte Haltung – nur so lässt sich ein optimales Ergebnis für den Rücken erzielen.

Rückengymnastik

Stabilisation und Mobilisation

In den Übungsanleitungen tauchen immer wieder Begriffe wie Stabilisation, Mobilisation, Dehnung, Kräftigung oder Körperwahrnehmung auf, deren Bedeutung vielfach nicht richtig verstanden wird. Sie bilden jedoch die Eckpfeiler eines guten Gymnastikprogramms und bezeichnen die verschiedenen Trainingsvarianten, die ein optimales Muskeltraining ausmachen.

- Übungen zur Mobilisation fördern die Beweglichkeit. Das erleichtert Ihnen viele Alltagsbewegungen, beugt Verletzungen des Muskel- und Bandapparats vor und verbessert Ihre sportlichen Möglichkeiten.
- Die Dehnung der Muskulatur vergrößert den Bewegungsspielraum der Gelenke und reduziert die Verletzungsanfälligkeit.
- Die Kräftigung der Muskulatur erhöht die Leistungsfähigkeit und trägt ganz wesentlich zur Entlastung des Stütz- und Bewegungsapparats bei.
- Stabilisation ist im Prinzip ebenfalls eine Kräftigung der Muskulatur in körpergerechter Haltung.

Gute Übungsprogramme beginnen mit einer zehnminütigen Aufwärmphase, dann folgt eine ebenso lange Dehnphase. Schmerzen sind ein Warnsignal, das zum Aufhören auffordert.

Körperwahrnehmung und Entspannung

Die Schulung der Körperwahrnehmung hat das Ziel, solche Bewegungsabläufe einzuüben, die das Wohlbefinden fördern. Sie lernen, bewusst mit Ihrem Körper umzugehen; dadurch verbessert sich die Körperhaltung, und das Gefühl für das individuell richtige Maß an Belastung schärft sich.

Entspannung fördert ebenfalls das Wohlbefinden. Mit lockeren Bewegungen schließen Sie Ihr Training ab, die Atmung beruhigt und normalisiert sich. Sie fühlen sich angenehm ermüdet, aber nicht erschöpft.

Tipps für eine optimale Rückengymnastik

Folgende Ratschläge helfen Ihnen, die Rückengymnastik optimal zu gestalten, sie tragen dazu bei, Verletzungen zu vermeiden und optimale Ergebnisse zu erzielen.

Regel Nr. 1 – den Tag sanft beginnen

Legen Sie nicht direkt nach dem Aufstehen los, auch wenn Sie sich morgens noch so fit fühlen. Über Nacht haben sich die Bandscheiben – in entspannter Ruhelage – mit Flüssigkeit und Nährstoffen vollgesogen. Sie sind dann prall gefüllt und in diesem Zustand besonders empfindlich, wenn sie belastet und gereizt werden.

Regel Nr. 2 – eine gute Trainingsatmosphäre schaffen

Üben Sie ohne Hektik! Hektik und Stress vertragen sich nicht mit Rückentraining, schon gar nicht mit Entspannungsübungen. Wenn Sie unter Zeitdruck stehen, auf Besuch oder wichtige Anrufe warten, verzichten Sie lieber auf Ihr Trainingsprogramm. Am besten verzieht man sich in ein separates, nicht zu kühles Zimmer und hängt für die Mitbewohner ein Schildchen an die Tür: Bitte nicht stören! Leise Hintergrundmusik schafft eine entspannende und wohltuende Atmosphäre.

Die einen entspannt Musik von Mozart oder Händel, andere mögen lieber Sphärenklänge oder Naturgeräusche wie Meeresrauschen oder Vogelgezwitscher. Der Fachhandel bietet eine Fülle von CDs und Kassetten mit spezieller Entspannungsmusik an.

Regel Nr. 3 – die richtige Unterlage

Üben Sie nicht auf einer zu weichen, aber auch nicht auf einer zu harten Unterlage! Eine Matratze ist ebenso untauglich wie ein Holz- oder Steinboden. Harte Böden strapazieren Muskeln und Gelenke. Ein dicker, elastischer Teppichboden wäre ideal. Wenn Sie den direkten Kontakt mit dem Teppich meiden wollen, breiten Sie eine große Decke aus. Vielleicht denken Sie auch über die Anschaffung einer Gymnastikmatte nach. Hier gibt es mittlerweile ein breites Angebot. Zur Unterstützung des Kopfs dient ein kleines, nicht zu weiches Kissen oder ein zusammengefaltetes Badetuch.

Grundregeln für das Gymnastikprogramm

▶ Beginnen Sie immer sanft, und steigern Sie die Trainingsdauer und -intensität nur langsam.

▶ Atmen Sie ruhig und gleichmäßig. Atmen Sie bei Anspannung aus und während der Entspannung ein.

▶ Brechen Sie Übungen, die Ihnen Schmerzen bereiten, sofort ab.

▶ Zwischen den Übungen immer wieder die Muskeln lockern.

▶ Bei allen Übungen, die im Stand ausgeführt werden, werden die Knie leicht gebeugt. Kneifen Sie die Pobacken zusammen, um das Becken in die richtige Stellung zu bringen.

▶ Führen Sie alle Übungen langsam und gleichmäßig aus, vermeiden Sie ruckartige oder schnelle Bewegungen.

Die hier vorgestellten Übungen sollten – je nach Kondition – zwischen fünf- und zehnmal wiederholt werden. Hören Sie auf Ihren Körper, unterfordern Sie sich nicht, aber tun Sie auch nicht zuviel des Guten.

Lästig, aber unabdingbar – die Aufwärmphase

Jeder Rückengymnastik sollte ein sanftes, zehnminütiges Aufwärmtraining vorangehen. Ziel einer solchen Aufwärmgymnastik ist es, eine kräftige Durchblutung des Muskelgewebes zu erreichen. Warme, gut durchblutete Muskeln sind elastischer und weniger anfällig für Verletzungen. Natürlich müssen Sie nicht alle Aufwärmübungen, die im Kasten Seite 49 vorgestellt werden, in die Tat umsetzen. Stellen Sie sich ein persönliches Programm zusammen. Gehen Sie das Aufwärmtraining bewusst langsam an, kommen Sie nicht außer Atem. Mehrere kürzere Pausen dazwischen sind besser als eine lange Pause.

Erste Dehnübungen

▶ In stehender Grundhaltung, also mit leicht gegrätschten Beinen, leicht gebeugten Knien und angespanntem Po, den Rumpf nach links und rechts drehen. Immer gleichmäßig und langsam (drei- bis sechsmal). Anschließend beide Arme nach vorn oben ausstrecken und von vorn nach hinten eng am Körper vorbeiziehen (vier- bis achtmal). Diese Übung kann auch im Sitzen ausgeführt werden, zur Kontrolle möglichst vor einem Spiegel.

Richtig aufwärmen

▶ Sie stehen in der Grundhaltung. Die Beine sind leicht gegrätscht, die Kniegelenke leicht gebeugt. Die Arme werden seitlich in die Hüfte gestemmt. In dieser Haltung Kopf und Oberkörper entspannt fallenlassen und aufrichten. Arme locker pendeln lassen und ausschütteln, danach Beine pendeln lassen und ausschütteln.

▶ Traben Sie ungezwungen und ohne Anstrengung auf den Fußballen hin und her, laufen Sie Kreise, Schlangenlinien, vorwärts und rückwärts.

▶ Gehen Sie mit großen, elastischen Schritten umher, und bewegen Sie dabei Ihre Arme schüttelnd, schlenkernd und kreisend. Zwischendurch boxen Sie mit lockeren Fäusten nach vorn, nach oben, nach unten und zur Seite. Führen Sie die Bewegungen langsam und vorsichtig aus, besonders, wenn Ihnen Ihr Rücken aktuell Probleme bereitet.

▶ Hüpfen Sie auf der Stelle, im Wechsel vorwärts und rückwärts, nach links und nach rechts. Zwischendurch machen Sie den Hampelmann (in rhythmischem Wechsel die Beine grätschen und schließen, die Hände über dem Kopf zusammenschlagen und an die Hüften führen). Bei Rückenschmerzen, Morbus Bechterew oder Skoliose darf diese Übung nicht ausgeführt werden.

▶ Mit gegrätschten Beinen, leicht gebeugten Knien, angespanntem Po die Arme hinter dem Kopf verschränken und den Rumpf langsam zur Seite beugen, erst nach links, dann nach rechts (drei- bis sechsmal).

▶ Auf dem rechten Fuß stehend den linken Unterschenkel nach hinten bewegen, bis Sie den Fuß mit der Hand greifen können. Dann den Fuß langsam bis zum Po hochziehen und 10 bis 20 Sekunden halten. Danach die Seiten wechseln. Bei dieser Übung ist es wichtig, dass Sie nicht ins Hohlkreuz fallen. Spannen Sie Po- und Bauchmuskulatur an, und kontrollieren Sie Ihre Haltung im Spiegel. Falls Sie bei dieser Übung das Gleichgewicht verlieren, suchen Sie mit der freien Hand einen festen Halt (Wand, Türrahmen).

▶ Legen Sie sich auf den Rücken, die Arme sind locker neben dem Körper ausgestreckt. Heben Sie beide Beine an, so dass zwischen Hüfte

Übungen, bei denen beide Füße den Boden verlassen (Laufen, Hüpfen, Springen, Hampelmann), sollten Sie nur nach Absprache mit dem Arzt oder Physiotherapeuten ausführen. Sie eignen sich nicht bei allen Rückenkrankheiten, und auch andere körperliche Voraussetzungen wie Gelenkschäden oder Übergewicht können gegen diese Übungen sprechen.

und Oberschenkel sowie zwischen Oberschenkel und Unterschenkel je ein rechter Winkel entsteht. Bewegen Sie die Beine in der Luft wie beim Radfahren, mal vorwärts, mal rückwärts. Rücken und Po bleiben fest am Boden. Fahren Sie 30 Sekunden Rad (viermal wiederholen).

Wenn Sie vor der Gymnastik die schmerzenden Körperteile aufwärmen (Rotlicht, Heizkissen, Wärmflasche, Sauna, heiße Dusche), ist der Effekt der Übungen noch größer.

Vierfüßlerstand, Fersensitz, Unterarmstütz – Grundpositionen exakt ausgeführt

Sicher hat jeder eine mehr oder weniger klare oder richtige Vorstellung davon, wie ein Vierfüßler- oder Kniestand aussieht. Der Erfolg Ihres Gymnastikprogramms hängt entscheidend davon ab, wie exakt Sie die einzelnen Übungen ausführen. Deshalb erhalten Sie an dieser Stelle einen kurzen Überblick über die wichtigsten Ausgangspositionen der einzelnen Übungen.

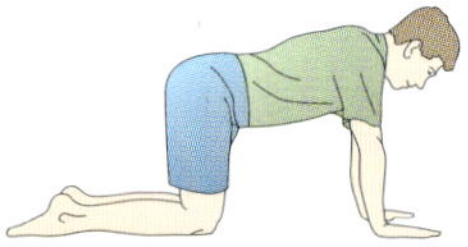

- Vierfüßlerstand: Sie knien; die Kniegelenke stehen senkrecht unter den Hüftgelenken, die Schienbeine und die Fußrücken liegen flach auf dem Boden. Mit den Handinnenflächen stützen Sie sich auf dem Boden ab, so dass Schultergelenke, Rücken, Halswirbelsäule und Kopf eine waagrechte Linie bilden. Die Nase zeigt nach unten. Die Ellbogen sind leicht gebeugt und nach innen gedreht. Die Hände stehen senkrecht unter den Schultern, die Fingerspitzen zeigen nach vorn.

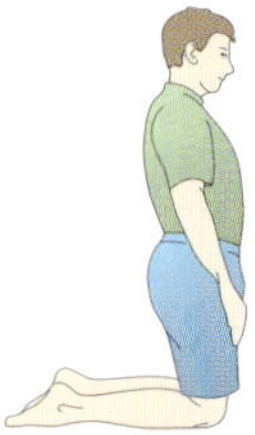

- Kniestand: Sie knien; die Kniegelenke stehen senkrecht unter den Hüftgelenken, die Schienbeine und die Fußrücken liegen flach auf dem Boden. Der Oberkörper ist aufgerichtet.

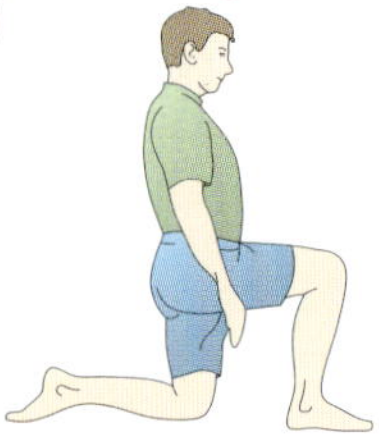

- Einbeinkniestand: Sie knien auf einem Bein, dessen Kniegelenk senkrecht unter dem Hüftgelenk steht; Schienbein und Fußrücken liegen flach auf dem Boden, das andere Bein ist nach vorn aufgestellt, wobei die gesamte Fußsohle gleichmäßig belastet ist.

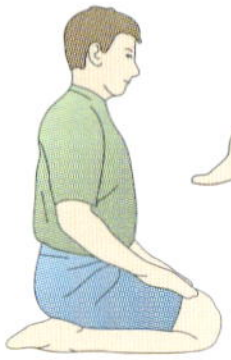

- Fersensitz: Die Schienbeine und die Fußrücken liegen flach auf dem Boden. Sie sitzen mit dem Po auf den Fersen.

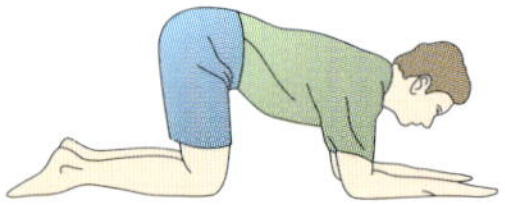

- Unterarmstütz: Sie knien; die Kniegelenke stehen senkrecht unter den Hüftgelenken, die Schienbeine und die Fußrücken liegen flach auf dem Boden. Der Oberkörper wird durch die flach auf dem Boden ruhenden Unterarme und Handinnenflächen abgestützt. Ellbogen- und Schultergelenke bilden jeweils einen 90-Grad-Winkel.

Hilfe für die Halswirbelsäule

Folgende Übungen sollen geschwächte Muskelpartien kräftigen, verspannte Muskeln lockern, verkürzte Muskeln dehnen und zu einer besseren Körperhaltung führen.

Nacken und Hals kräftigen

▶ Ausgangsstellung für Nackenübungen: Sie sitzen aufrecht auf einem Hocker. Ober- und Unterschenkel bilden einen rechten Winkel, die Füße stehen fest auf dem Boden. Spannen Sie die Bauch- und Gesäßmuskeln gut an, um ein Hohlkreuz zu vermeiden. Sie sollten den Druck der Füße am Boden und beider Pobacken auf dem Hocker spüren. Die Nase zeigt genau nach vorn.

Druck und Gegendruck

1. Nehmen Sie die Hände an die Hinterkopfwölbung, und drücken Sie sie leicht nach vorn gegen den Kopf. Der Kopf erwidert diesen Druck mit gleicher Kraft nach hinten. So wird eine isometrische Spannung erzeugt, d.h. eine Muskelanspannung, bei der sich Kraft und Gegenkraft ausgleichen, so dass es zu keiner Bewegung kommt.
2. Führen Sie diese Übung auch in Gegenrichtung aus. Legen Sie dazu die Hände an die Stirn, und drücken Sie gegen den nach hinten gerichteten Druck der Hände die Stirn nach vorn.
3. Die rechte Hand fasst von unten den Hockerrand. Der Kopf ist gerade, Sie blicken nach vorn. Die linke Hand drückt nun oberhalb des linken Ohrs gegen den Kopf, der Kopf erwidert den Druck mit gleicher Kraft. Führen Sie diese Übung auch umgekehrt aus, linke Hand an den Hocker, rechte Hand gegen das rechte Ohr.
4. Legen Sie die Hände auf den Kopf, und ziehen Sie die Ellbogen so weit wie möglich auseinander. Die Füße drücken gleichmäßig auf den Boden. Gegen den leichten Druck der Hände auf den Kopf soll sich die Wirbelsäule vom Becken her strecken. Spannen Sie Bauch und Po an, damit sich kein Hohlkreuz bildet! Der Schultergürtel bleibt locker, die Schultern nicht hochziehen.

Eine weitere Kräftigungsübung für Hals und Nacken: Die linke Hand drückt gegen die linke Wange, der Kopf hält dagegen.
Um eine Drehung des Kopfs nach links zu verhindern, sollten Sie die rechte Hand gegen die rechte Hinterkopfpartie drücken. Anschließend die Übungsseite wechseln.

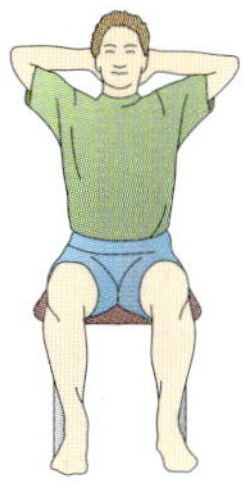

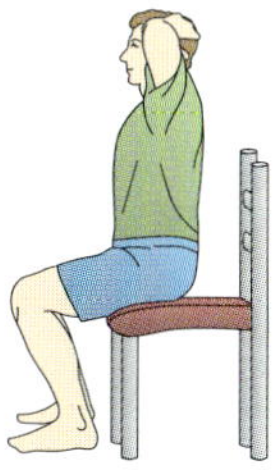

> Es ist sicherlich nicht sinnvoll, die vorgestellten Übungen auswendig zu lernen. Am besten ist es, die infrage kommenden Übungen einmal in Ruhe auszuprobieren und sich dann für eine oder zwei zu entscheiden, die immer wieder ausgeführt werden.

Übungen für eine königliche Haltung

Auch für die folgenden Übungen bleibt die Ausgangsstellung gleich. Achten Sie nun besonders darauf, die Schultern herunterzuziehen. Die Arme hängen locker herab. Die Halswirbelsäule ist gestreckt.

Muskeltraining rund um den Kopf

1. Die Fingerspitzen zeigen senkrecht nach unten und üben einen leichten Zug aus, als ob sie von einem Magnet angezogen würden. Das Kinn klappt nach vorn in Richtung Brustbein. Anschließend richten Sie den Kopf wieder auf, schauen geradeaus und lassen die Arme locker herab hängen.

2. Der Kopf neigt sich nach hinten (der Blick richtet sich nach oben zur Decke). Halten Sie die Spannung einige Sekunden, und bewegen Sie den Kopf dann wieder in die Ausgangsposition.

3. Drehen Sie Ihren Kopf nach rechts, und blicken Sie über die rechte Schulter, anschließend den Kopf wieder geradeaus richten. Führen Sie dieselbe Übung mit Blick über die linke Schulter durch.

4. Strecken Sie den rechten Arm senkrecht in die Luft, so dass Ihr Oberarm parallel zum rechten Ohr verläuft. Greifen Sie nun über den Kopf ans linke Ohr, und ziehen Sie den Kopf leicht nach rechts. Die linke Schulter bleibt während dieser Übung unten, die Nase ist nach vorn gerichtet. Richten Sie den Kopf wieder gerade, und führen Sie die Übung mit dem linken Arm durch.

Soforthilfe für den verspannten Nacken

Wenn es im Büro mal so richtig rundgegangen ist und Sie total geschafft nach Hause kommen, empfehlen wir Ihnen die Nackenseitdehnung als Soforthilfe für die verspannte Halswirbelsäule. Auch nach langen Autofahrten mit verkrampftem Nacken verschafft Ihnen diese Übung Linderung.

▶ Ausgangsstellung: Sie sitzen gerade auf einem Stuhl, die Füße stehen etwas mehr als hüftbreit von einander entfernt auf dem flachen Boden.

▶ Ausführung: Richten Sie sich gerade auf, und ziehen Sie beide Schultern in Richtung Fußboden herunter. Strecken Sie den rechten Arm nach oben, und führen Sie ihn über den Kopf, bis die Handinnenfläche an der linken Schläfe liegt. Drücken Sie den Kopf gegen die Handfläche. Die Spannung etwa fünf Sekunden halten. Dann neigen Sie den Kopf zur Seite (Richtung rechte Armbeuge, die Hand bleibt an der Schläfe liegen), gleichzeitig führen Sie den anderen Arm gestreckt nach unten, so dass sich Kopf und Schulter voneinander entfernen. Die Dehnung zehn Sekunden lang halten, dann den Kopf zur Mitte zurückführen. Zweimal wiederholen, dann Seitenwechsel.

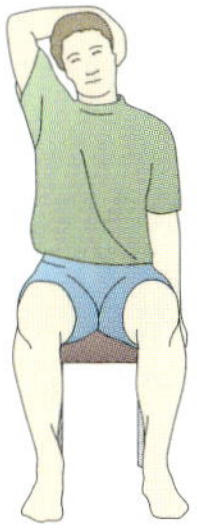

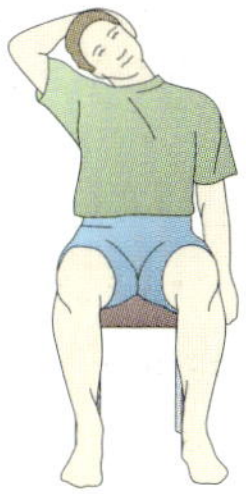

Fünf Übungen, die Arme und Schulter lockern

1. Die Schultern kräftig zu den Ohren hochziehen und anschließend locker und schwer fallen lassen.
2. Ziehen Sie die Schultern nach vorn, und drehen Sie gleichzeitig die Daumen nach innen. Für die Gegenübung ziehen Sie die Schultern nach hinten und drehen die Daumen zugleich nach außen.
3. Lassen Sie Ihre Arme vor- und rückwärts schwingen. Fortgeschrittene können dabei kleine Gewichte in die Hände nehmen.
4. Beide Arme kreisen vorwärts und rückwärts. Lassen Sie sie zunächst gleichzeitig kreisen, oder wechseln Sie den rechten und linken Arm ab. Wenn Sie die Bewegung beherrschen, können Sie auch einen Arm vorwärts, den anderen rückwärts kreisen lassen. Das schult das Koordinationsvermögen.
5. Führen Sie die Arme seitlich nach oben, und lassen Sie sie locker wieder fallen.

Wer seine ganze Aufmerksamkeit der Stelle widmet, die gerade trainiert wird, erfährt mehr über seinen Körper und entwickelt mit der Zeit ein feines Gespür für richtige und falsche Bewegungen.

Wohltat für die Brustwirbelsäule

Typische Leiden der Brustwirbelsäule sind der Rundrücken, der »Scheuermann«, die Osteoporose, der Morbus Bechterew sowie Schmerzen aufgrund von Haltungsfehlern. Unsere Übungen sind als Vorbeugung gedacht, sie tragen auch zur Linderung bestehender Beschwerden bei.

Viele Bandscheibenpatienten kennen die nebenstehenden Übungen sicher noch aus dem Krankenhaus. Sie gehört zu den ersten vorsichtigen Spannungsübungen nach einer Operation sowohl im Brustwirbelsäulen- als auch im Lendenwirbelsäulenbereich. Auch bei Blockierungen werden damit gute Erfolge erzielt.

Übung nach Bandscheibenoperationen

▶ Ausgangsstellung:
Sie liegen auf dem Rücken, Knie und Hüften sind leicht angezogen, die Fersen haben Kontakt zur Unterlage.

▶ Ausführung:
Bauen Sie zunächst eine Grundspannung auf, indem Sie Zehen und Füße in Richtung Nase hochziehen, Fersen einstemmen, den Po anspannen und den Kopf in die Unterlage drücken, wobei das Kinn leicht in Richtung Brustbein gezogen wird. Drehen Sie die Arme nach außen, die Hände sind geöffnet, die Daumen zeigen vom Körper weg. Drücken Sie nun Arme und Hände kräftig gegen die Unterlage.
Halten Sie die Spannung zehn Sekunden lang, nach vier Sekunden Entspannung wiederholen Sie die Übung zehnmal.

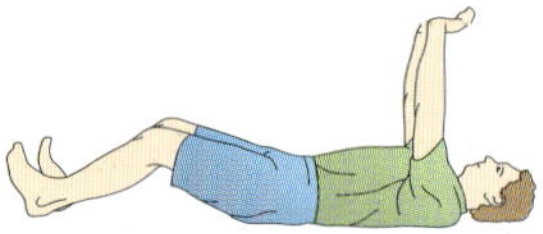

Hinkelsteinstemmen

Das so genannte Hinkelsteinstemmen gehört zu den wenigen Übungen, die nach Operationen an der Bandscheibe und bei einer Blockade im Bereich der Wirbelkörper, dem gefürchteten Hexenschuss, ausgeführt werden dürfen.

▶ Ausgangsstellung: Sie liegen in Rückenlage auf einer Unterlage. Knie und Hüften sind leicht gebeugt, die Fersen stehen auf der Unterlage. Ziehen Sie Zehen und Füße in Richtung Nase hoch. Bauen Sie die Grundspannung auf. Ihre leicht angewinkelten Arme strecken Sie zur Decke, die Ellbogen werden leicht nach außen gedreht, die Hände sind offen, die Finger leicht gekrümmt, als ob Sie einen Schneeball formen wollten. Die Handinnenflächen zeigen nach oben zur Zimmerdecke.

▶ Ausführung: Bauen Sie nun eine Spannung auf. Dazu ziehen Sie Zehen und Füße noch ein Stückchen weiter zur Nase, spannen Sie den Po fest an, und drücken Sie den Kopf in die Unterlage. Dabei wird das Kinn leicht nach unten auf das Brustbein gezogen. Stemmen Sie Ihre Hände nun gegen einen imaginären Hinkelstein, und drücken Sie ihn mit maximaler Kraft nach oben. Halten Sie die Spannung zehn Sekunden lang, und wiederholen Sie die Übung nach jeweils vier Sekunden Entspannung zehnmal.

Armheben aus dem Vierfüßlerstand

Auch diese Übung hilft gegen Beschwerden bei Rundrücken und Schulter-Arm-Syndrom sowie gegen Verspannungen im Bereich der Brustwirbelsäule.

Achten Sie beim Strecken der Brustwirbelsäule darauf, die Schmerzgrenze nicht zu überschreiten. Die Übung ist bei akuten Bandscheibenproblemen nicht geeignet!

▶ Ausgangsposition: Vierfüßlerstand. Sie knien auf dem Boden, schieben den Po vorsichtig nach hinten über die Fersen und lassen dabei die gestreckten Arme auf dem Boden so weit wie möglich nach vorn gleiten.

▶ Ausführung: Aus dieser Stellung heben Sie abwechselnd die Arme. Das Brustbein bleibt dabei knapp über dem Boden. Nach einer kurzen Pause können Sie die Übung intensivieren. Sie drehen dazu einen Arm, schauen in die Handinnenfläche und bewegen den Arm langsam nach oben, während der Blick auf die Handinnenfläche gerichtet bleibt. Das Brustbein befindet sich dabei weiterhin dicht über dem Boden. Arm und Blick langsam wieder in die Ausgangsposition zurückführen und die Übung mit dem anderen Arm ausführen. Je dreimal wiederholen.

Der Wechsel zwischen Spannung und Entspannung sorgt dafür, dass die Muskulatur besser durchblutet wird. Wichtige Nährstoffe und Sauerstoff gelangen ins Gewebe, und Schlacken werden abtransportiert.

Vor allem Ihrer Brustwirbelsäule zuliebe sollten Sie die oben beschriebene Übung durchführen. Bei akuten Bandscheibenproblemen ist jedoch dringend von ihr abzuraten, weil sie eine unerwünschte Überbelastung des Rückens zur Folge haben kann.

Vergessen Sie nie, mindestens eine Übung zur Kräftigung der Bauchmuskulatur in Ihr Gymnastikprogramm einzubauen. Schlaffe Bauchmuskeln erhöhen das Risiko von Rückenbeschwerden um ein Vielfaches.

Hilfe für die Lendenwirbelsäule

Sieht man den Rücken als Schwachpunkt des menschlichen Körpers, so trifft dies im Besonderen auf die Lendenwirbelsäule zu. Weil sie den meisten Ärger verursacht, gibt es besonders viele Übungen, die diesen unteren Wirbelsäulenbereich trainieren. Vor allem bei Belastungsrückenschmerzen, LWS-Syndrom, Ischialgien, ausgeheilten Bandscheibenvorfällen und Muskelverspannungen verschaffen Ihnen diese Übungen Linderung.

Aufrichten aus dem Fersensitz

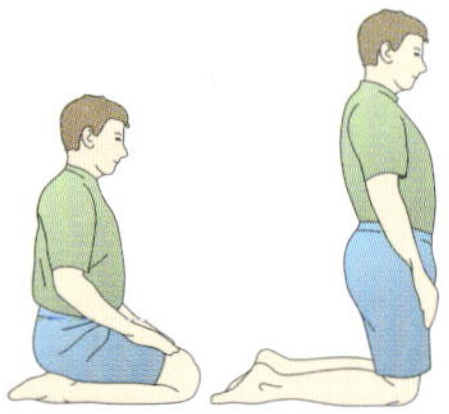

Achten Sie bei dieser Übung besonders darauf, dass Ihr Rücken immer gerade bleibt und Sie kein Hohlkreuz und keinen Rundrücken machen. Wenn Sie Probleme mit den Knien oder Fußgelenken haben, ist diese Übung nicht für Sie geeignet.

▶ Ausgangsposition: Fersensitz. Sie gehen zunächst in den Kniestand und setzen sich langsam auf die Fersen.

▶ Ausführung: Ihre Fußrücken drücken sich fest auf den Boden, die Hände liegen auf den Oberschenkeln und stemmen nach unten, die Finger weisen aufeinander zu. Richten Sie sich nun mit geradem Rücken in den Kniestand auf. Verweilen Sie zehn Sekunden in dieser Haltung, und gleiten Sie dann langsam in den Fersensitz zurück. Wechseln Sie fünfmal zwischen Fersensitz und Kniestand ab.

Aufrichten aus dem Einbeinkniestand

Spannen Sie bei folgendem Bewegungsablauf Bauch und Po immer gut an, damit das Becken nicht nach vorn kippt! Wenn Sie ins Hohlkreuz fallen, schadet die Übung mehr, als sie nützt.

▶ Ausgangsposition: Einbeinkniestand. Dazu knien Sie sich zunächst auf den Boden. Dann stellen Sie ein Bein nach vorn. Ober- und Unterschenkel bilden ungefähr einen rechten Winkel.

▶ Ausführung: Die Arme werden in Schulterhöhe nach vorn gestreckt, die Hände so gedreht, dass die Handrücken zum Körper und die Finger nach innen zeigen. Drücken Sie die Hände nach vorn, und verlagern Sie Ihr Körpergewicht auf das aufgestellte Bein. Stemmen Sie sich dann mit dem Fußrücken des anderen Beins vom Boden ab. Wiederholen Sie die Übung siebenmal. Nach einer kurzen Pause bewegen sich die Geübteren aus dem Einbeinkniestand hoch in den Stand. Wiederholen Sie diese Bewegung dreimal, und wechseln Sie anschließend das Bein.

Auf und nieder, immer wieder

Dies ist eine wunderbare Übung gegen Bandscheibenbeschwerden; sie eignet sich allerdings nicht bei frischen Bandscheibenvorfällen sowie bei einer Blockade bzw. Instabilität im Iliosakralgelenk. Kontrollieren Sie ihre Körperhaltung, spannen Sie Bauch und Po kräftig an, damit sich kein Hohlkreuz bilden kann.

▶ Ausgangsposition: Sie sitzen auf einem Stuhl oder Hocker. Die Füße stehen nebeneinander fest auf dem Boden, Ober- und Unterschenkel bilden einen Winkel von 90 Grad.

▶ Ausführung: Stellen Sie ein Bein unter den Stuhl oder Hocker, kommen Sie mit dem Becken weiter nach vorn, so dass der Körperschwerpunkt sich über die Sitzfläche verlagert. Drücken Sie sich mit dem hinteren Bein hoch. Dabei verlagert sich die Belastung immer mehr auf das vordere Bein, bis Sie schließlich stehen und Ihr Gewicht auf dem vorderen Bein ruht. Anschließend schalten Sie den »Rückwärtsgang« ein. Sie schieben das Knie nach vorn, den Po zurück, verlagern langsam Ihren Schwerpunkt auf das hintere Bein und setzen sich hin. Nun wechseln Sie die Beinstellung und stehen erneut auf. Üben Sie so oft, bis ein fließender Bewegungsablauf zustande kommt.

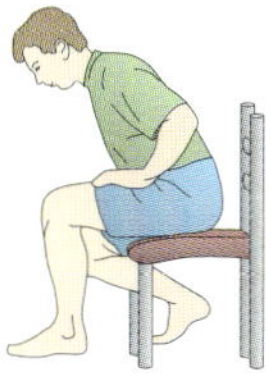

Es ist unverständlich, dass in den Schulen nicht mehr Wert auf die Vermittlung von Körperbewusstsein und richtigen Bewegungsabläufen gelegt wird.

Gesäßmuskeln stabilisieren den Rücken

Die Gesäßmuskeln und die Muskeln der Lendenwirbelsäule müssen ebenfalls gekräftigt werden. Das wechselseitige Anheben der Füße sollte in der nächsten Übung nur sehr langsam erfolgen. Achten Sie darauf, dass das Becken nicht seitlich absinkt.

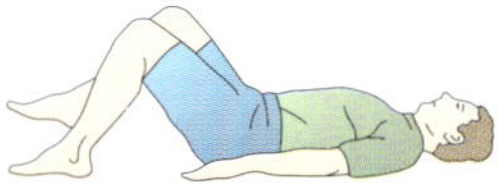

Die Übungen, die die Gesäßmuskeln trainieren, tun nicht nur Ihrem Rücken gut, sondern sie sorgen auch für einen knackigen Po. Allein die Aussicht darauf fördert schon die Motivation.

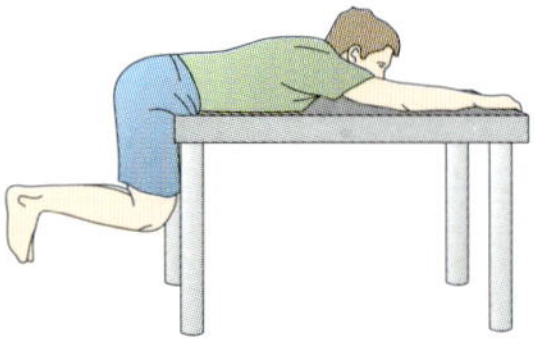

▶ Ausgangsposition: Sie liegen in Rückenlage auf einer Decke oder Matte. Die Beine werden nacheinander angezogen und die Füße geschlossen aufgestellt.

▶ Ausführung: Spannen Sie den Bauch an, bis der Rücken flach auf dem Boden liegt. Sie können die Position überprüfen, indem Sie versuchen, die Hände in Höhe der Taille unter dem Rücken durchzuschieben. Wenn Ihre Bauchspannung richtig aufgebaut ist, ist das nicht möglich. Nun heben Sie den Po leicht an, bis er mit der Wirbelsäule eine Gerade bildet. Lösen Sie jetzt einen Fuß leicht vom Boden, und setzen Sie ihn wieder auf. Wiederholen Sie diese Bewegung fünfmal, und wechseln Sie danach das Bein. Führen Sie diese Übung für jede Körperseite dreimal durch, und gönnen Sie sich nach jeder Serie wieder eine kurze Pause.

Kräftigung der unteren Lendenwirbelsäule

Achten Sie hierbei darauf, dass Ihr Oberkörper immer flach auf dem Tisch ruht.

▶ Ausgangsposition: Lagern Sie Ihren Oberkörper bis zur Hüfte bäuchlings auf einem stabilen Tisch, und ziehen Sie die Unterschenkel hoch. Hüft- und Kniegelenke bilden einen Winkel von jeweils 90 Grad. Die Unterschenkel werden übereinander geschlagen.

▶ Ausführung: Halten Sie sich mit den Händen vorn an der Tischplatte fest. Jetzt heben Sie das Gesäß minimal an. Die Bewegung ist klein, sie darf für einen Beobachter nur im unteren Lendenwirbelbereich sichtbar sein.

Übungen, um den Schultergürtel zu stabilisieren

Die Ellbogen dürfen bei den folgenden Übungen nicht gestreckt sein. Während der Kraftphase bleibt die Bauchmuskulatur angespannt und das Becken aufgerichtet. Die Kräftigungsübungen Seit- und Deckenstemmen helfen bei akuten Bandscheibenbeschwerden und empfehlen sich generell für alle Rückenschmerzpatienten. Wiederholen Sie jede Übung sechsmal.

Ausgangsposition für Schultergürtelübungen

▶ Sie stehen aufrecht. Die Beine sind etwas mehr als hüftbreit gegrätscht, Knie- und Hüftgelenke leicht gebeugt, Oberkörper bleibt aufrecht.

▶ Das Becken wird durch Anspannen der Bauchmuskulatur aufgerichtet. Stellen Sie sich vor, Sie würden den Bauchnabel zur Wirbelsäule ziehen.

▶ Ausführung Seitstemmen: Die Arme werden in Schulterhöhe ausgebreitet, die Ellbogen sind leicht gebeugt, die Finger der geöffneten Hände zeigen nach oben, die Handinnenflächen nach außen. Biegen Sie die Handrücken leicht in Richtung Unterarme, und drücken Sie gleichzeitig Ihre Hände kräftig gegen einen gedachten Widerstand nach außen. Stellen Sie sich vor, Sie müssten einen Türrahmen auseinander drücken. Halten Sie die Spannung etwa zehn Sekunden lang, und atmen Sie dabei ruhig weiter.

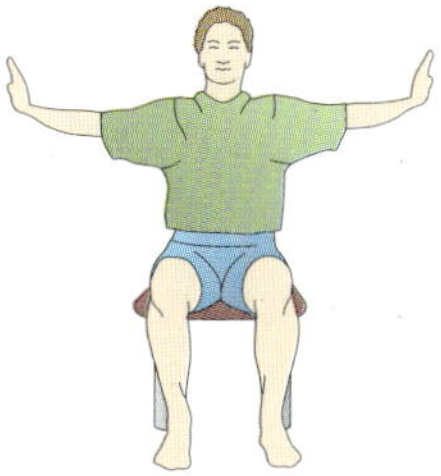

▶ Ausführung Deckenstemmen: Die Arme mit leicht gebeugten Ellbogen Richtung Decke bewegen. Die Handinnenflächen zeigen nach oben, die Finger zueinander. Stellen Sie sich jetzt vor, Sie müssten einen Deckenbalken nach oben drücken. Die Spannung etwa zehn Sekunden halten und dabei weiteratmen.

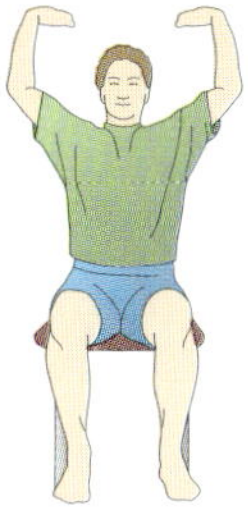

Brustschwimmen auf dem Trockenen

Folgender Bewegungsablauf eignet sich besonders bei Instabilität und Muskelschwäche des gesamten Rückens. Führen Sie die Übung nicht bei akuten Bandscheibenbeschwerden aus! Falls Sie unter Blockaden leiden, achten Sie auf Schmerzen; diese zeigen Ihnen, wann es reicht.

▶ Ausgangsposition: Sie liegen auf dem Bauch. Bei starkem Hohlkreuz legen Sie ein flaches Kissen unter den Bauch.

▶ Ausführung: Beide Fersen werden nach außen gedreht, der Po wird angespannt, und der Kopf bildet die Verlängerung der Wirbelsäule. Die Kinnspitze zeigt auf das Brustbein, die Nase richtet sich nach unten. Die Arme werden in Brustschwimmbewegungen nach vorn gestreckt und in einer weiten, nach außen kreisenden Bewegung wieder an den

Oberkörper herangezogen. Die Ellbogen werden dabei so weit wie möglich gebeugt, die Handinnenflächen der geöffneten Hände zeigen nach unten, die Schulterblätter werden gleichmäßig an die Wirbelsäule gezogen. »Schwimmen« Sie so lange, bis Ihnen die Puste ausgeht.

Von den Katzen kann man sich nicht nur den berühmten Katzenbuckel abschauen, sie verstehen es auch vorzüglich, sich genüsslich zu räkeln und zu strecken.

Katzenbuckel im Vierfüßlerstand

Eine ideale Übung nach langen Autofahrten, wenn man fast steif nach Hause kommt. Sie ist äußerst wirkungsvoll, um den gesamten Rücken zu mobilisieren und zu stabilisieren. Wenn Sie akute Bandscheibenbeschwerden haben oder an einem Tennisarm leiden, sollten Sie diese Übung allerdings auslassen.

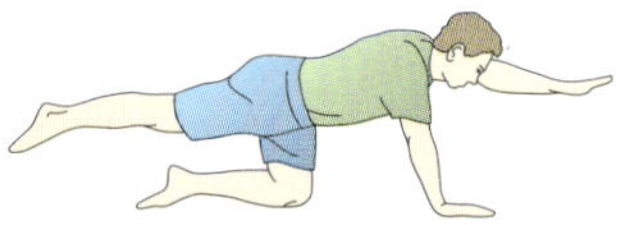

- Ausgangsposition: Sie knien im Vierfüßlerstand. Bringen Sie den rechten Arm und das linke Bein gestreckt in gleiche Höhe mit dem gestreckten Rücken. Drehen Sie den rechten Daumen nach oben zur Decke und die linke Ferse soweit wie möglich nach außen. Schieben Sie den Kopf in Verlängerung der Wirbelsäule nach vorn, wobei sich das Kinn leicht nach unten in Richtung Brust bewegt. Die Nase zeigt gerade nach unten.

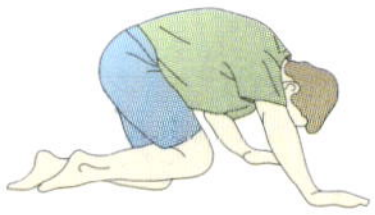

- Ausführung: Führen Sie den rechten Ellbogen und das linke Knie vor dem Bauchnabel zusammen, bis sie sich berühren. Dabei wird der Rücken vom Steißbein bis zur Halswirbelsäule rund wie bei einem Katzenbuckel. Arm, Bein und Rücken wieder strecken und die Übung 15-mal, ohne abzusetzen, wiederholen! Wechseln Sie die Seite, und üben Sie nun mit dem linken Arm und dem rechten Knie.

Bauchmuskeltraining in der Rückenlage

Dies ist ebenfalls eine ideale Übung zur Kräftigung der Bauchmuskulatur. Bitte nicht bei akuten Bandscheibenbeschwerden ausführen!

- Ausgangsposition: Sie liegen auf dem Rücken. Ihr rechtes Bein ist gestreckt, das linke an den Körper gezogen, so dass Knie und Hüfte soweit wie möglich gebeugt sind. Der linke Arm liegt parallel neben dem Körper, die Handfläche zeigt nach oben, der Daumen nach außen. Die rechte Hand wird auf das linke Knie gelegt.

▶ Bauen Sie nun die Spannung auf. Die Zehen beider Füße werden in Richtung Kopf gezogen, die Pobacken fest zusammengekniffen, der Kopf wird leicht angehoben, das Kinn bewegt sich auf die Brust zu. Drücken Sie den linken Arm und das rechte Bein nach unten gegen die Unterlage. Die rechte Hand kräftig gegen das linke Knie drücken (das Knie hält fest dagegen). Zehn Sekunden die Spannung halten, vier Sekunden entspannen. Nach zehn Wiederholungen Seitenwechsel.

Die Körperhaltung wirkt sich auch auf die Stimmung aus und umgekehrt. Versuchen Sie einmal jemanden darzustellen, der fröhlich, traurig, stolz, schlapp oder energisch daherkommt. Der Körper fühlt sich jedesmal anders an.

Aus der Rückenlage eine Mauer wegstemmen

Diese tolle Übung kräftigt die schrägen Bauchmuskeln, die häufig vernachlässigt werden. Wichtig ist, dass Sie die gesamte Wirbelsäule auf der Unterlage liegen lassen und nicht zur Seite wegdrehen.

▶ Ausgangsposition: Sie liegen flach auf dem Rücken, Knie und Hüften sind leicht gebeugt. Stemmen Sie die Fersen in die Unterlage. Ziehen Sie die Zehen in Richtung Nase. Heben Sie Ihre leicht angewinkelten Arme etwas vom Boden ab, und drehen Sie die Ellbogen leicht nach außen. Öffnen Sie die Hände, und krümmen Sie die Finger, als ob Sie eine Kugel umfassen würden. Die Hände stemmen gegen eine gedachte Mauer oberhalb des linken oder rechten Hüftgelenks.

▶ Ausführung: Bauen Sie nun eine Körperspannung auf, indem Sie die Zehen und Füße noch etwas mehr in Richtung Nase hochziehen, den Po anspannen und den Kopf von der Unterlage abheben, wobei das Kinn leicht in Richtung Brustbein gedrückt wird. Die Spannung zehn Sekunden halten, dann vier Sekunden entspannen (zehnmal).

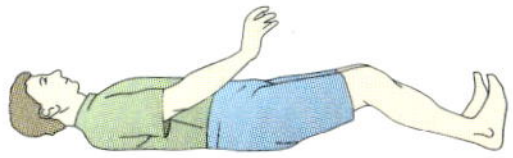

Das kräftigt die Rückenmuskulatur

Der Blick ist bei folgenden Übungen immer auf den Boden gerichtet. Der Kopf bleibt in der Verlängerung der Wirbelsäule.

▶ Ausgangsposition 1: Bauchlage auf dem Boden. Arme und Beine sind gestreckt, die Hände geöffnet.

▶ Ausführung: Heben und senken Sie den linken Arm und das rechte Bein gleichzeitig knapp über die Unterlage; nach vier Durchgängen den rechten Arm und das linke Bein bewegen.

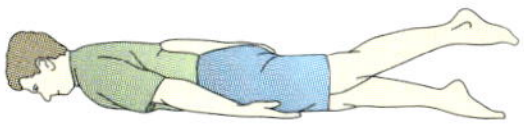

Durch das diagonale Anheben von Arm und Bein wird die Rücken- und Beckenmuskulatur gestärkt. Achten Sie bei allen Übungen darauf, dass nie die Schmerzgrenze überschritten wird – Sie sollen Ihren Körper dehnen und stärken, aber nie überlasten. (Im Bild eine weitere Variante der vorgestellten Übung für den Rücken.)

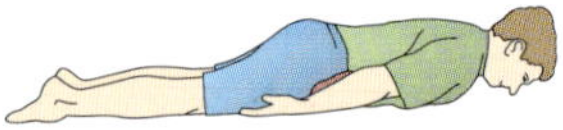

Jeder sollte sich einmal am Tag bewusst aufrichten. Das kann beim Warten auf den Bus sein, vor der Fußgängerampel oder in der Schlange an der Kasse.

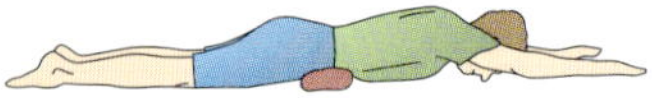

▶ Ausgangsposition 2: Sie liegen mit dem Bauch auf dem Boden, die Arme befinden sich seitlich neben dem Körper.
Um ein Hohlkreuz zu vermeiden, legen Sie ein flaches Kissen unter den Bauch.

▶ Ausführung: Spannen Sie die Gesäß- und Bauchmuskeln an, und drücken Sie die Handinnenflächen kräftig gegen den Boden. Zählen Sie bis fünf, dann heben Sie den Oberkörper leicht an und halten die Spannung etwa zehn Sekunden.
Sie können den Schwierigkeitsgrad der Übung steigern, indem Sie beim Anheben des Oberkörpers die Arme nach vorn strecken und ebenfalls leicht anheben.

▶ Ausgangsposition 3: Sie liegen mit dem Bauch auf dem Boden, die Arme sind nach vorn ausgestreckt. Legen Sie ein flaches Kissen unter den Bauch, damit Sie nicht ins Hohlkreuz gehen.

▶ Ausführung: Heben Sie den linken Arm und das rechte Bein nun unmerklich vom Boden ab. Gleichzeitig drücken Sie den rechten Arm und das linke Bein gegen die Unterlage. Der Kopf wird ebenfalls nur leicht angehoben. Die Spannung etwa zehn Sekunden halten, wobei Sie ruhig weiteratmen. Anschließend mit dem rechten Arm und dem linken Bein üben.

Training für die Bauchmuskulatur

Die Bedeutung der Bauchmuskulatur wird häufig unterschätzt. Gerade diese Muskeln sind es aber, die für einen guten Spannungszustand im vorderen Rumpfbereich sorgen.

- Ausgangsposition: Sie liegen in Rückenlage auf dem Boden.
- Ausführung: Winkeln Sie die Beine an, drücken Sie die Fersen auf den Boden. Verschränken Sie die Hände im Nacken. Heben und senken Sie Kopf und Schultern langsam, ohne sie zwischendurch abzulegen. Rollen Sie dabei Wirbel nach Wirbel auf der Unterlage ab.

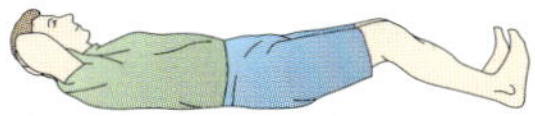

Achten Sie bei der Bauchmuskelübung darauf, dass der Nacken gerade bleibt und das Kinn schräg nach oben zur Decke zeigt.

Kräftigung der Rumpfmuskulatur

- Ausgangsposition 1: Sie stehen aufrecht, Ihre Füße drücken fest gegen den Boden, der Kopf streckt sich zur Decke, die Hände stemmen seitlich am Körper nach unten.
- Ausführung: Strecken Sie einen Arm nach oben, die Hand ist geöffnet, die Handfläche weist zur Zimmerdecke, und verlagern Sie das Gewicht auf das gegenseitige Bein. Jetzt das Bein zum Bauch hochziehen und den nach oben gestreckten Arm beugen. Die Ferse und den gebeugten Ellbogen diagonal aufeinander zuführen. Sie sollen sich aber nicht berühren. Der andere Arm drückt weiterhin nach unten und hält den Rumpf und die Wirbelsäule gestreckt. Langsam in die Ausgangsposition zurückgehen und die Übungsseite wechseln.
- Ausgangsposition 2: Sie liegen in Seitenlage auf dem Boden, die Beine sind geschlossen, Knie- und Hüftgelenke sind angebeugt, der Kopf ruht auf einem flachen Kissen.
- Ausführung: Das unten liegende Bein wird weit ausgestreckt, gleichzeitig beugen Sie das obere Bein, so dass Hüft- und Kniegelenk einen rechten Winkel bilden. Der Rücken und das ausgestreckte Bein bilden eine gerade Linie. Drehen Sie nun den Oberkörper und die Arme in die Rückenlage. Der Kopf folgt der Bewegung, bis der Blick zur Decke gerichtet ist, Po und Beine bleiben jedoch liegen. In der Endposition liegen Ihre Arme mit rechtwinklig gebeugten Ellbogen auf dem Boden, die Handflächen zeigen nach oben. In dieser Stellung zehn

Rücken- und Rumpfmuskulatur haben nicht nur die Aufgabe, die Wirbelsäule zu stabilisieren, sie dienen gleichzeitig auch zum Schutz der Eingeweide.

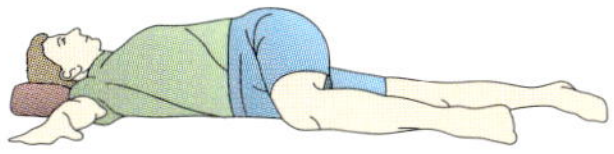

Sekunden liegen bleiben und ruhig weiter atmen. Wechseln Sie die Seite. Falls bei der Drehdehnlagerung Schmerzen auftreten, brechen Sie die Übung ab. Sie können die Dehnung verstärken, indem Sie in Rückenlage die Arme nach oben strecken und gegen den Boden drücken.

Stimulation bei Nervenschäden

Nach Bandscheibenvorfällen im Bereich der Lendenwirbelsäule bleiben oft Lähmungen und Empfindungsstörungen in Beinen und Füßen zurück. Mit der folgenden Übung sollen die Nerven stimuliert werden.

- Ausgangsposition: Stellen Sie sich aufrecht – ohne Schuhe – hin.
- Ausführung: Greifen Sie mit den Zehen des rechten Fußes einen Gegenstand, z.B. ein Taschentuch oder einen Kugelschreiber. Versuchen Sie den Gegenstand kurz anzuheben. Nach vier Durchgängen üben Sie mit dem linken Fuß.

Empfindungsstörungen wie Ameisenkribbeln oder der Verlust des Gefühls sind ernst zu nehmende Symptome, deren Bedeutung von einem Arzt abgeklärt werden muss.

Übungen bei Blockierungen im Iliosakralgelenk

Beschwerden im unteren Bereich der Lendenwirbelsäule gehen häufig auf eine Reizung oder Blockierung des Iliosakralgelenks, der Verbindung zwischen Kreuzbein und Becken, zurück. Meist treten Schmerzen im Sitzen oder Liegen, seltener auch im Stehen auf. Die folgenden vier Übungen sind ein gutes Gegenmittel.

Dehnung der unteren Rückenmuskulatur

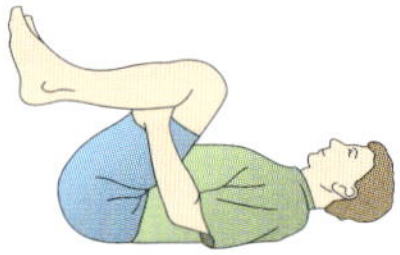

- Ausgangsposition: Sie liegen ganz entspannt auf dem Rücken, die Beine sind ausgestreckt.
- Ausführung: Sie umfassen die Oberschenkel und ziehen die Knie bis zur Brust. Rücken und Schultern bleiben dabei fest auf dem Boden. Achten Sie darauf, dass Sie Ihren Kopf in der Verlängerung der Wirbelsäule halten. Atmen Sie ruhig weiter, und halten Sie diese Spannung etwa zehn Sekunden lang, dann langsam lösen und die Beine ablegen.

Rumpfspannung im Türrahmen

Halten Sie bei der folgenden Übung Ihren Rücken immer aufrecht.

▶ Ausgangsposition: Sie stehen in leichter Schrittstellung in einem Türrahmen, der Blick ist auf das Schloss im Rahmen gerichtet. Der vordere Fuß steht etwa 40 Zentimeter vom Türrahmen entfernt.

▶ Ausführung: Greifen Sie mit beiden Händen in Kopfhöhe an den Rahmen, und drücken Sie kräftig dagegen. Gleichzeitig ziehen Sie die Arme leicht nach unten, bis Sie eine Muskelspannung im Rumpf spüren. Heben Sie das vordere Bein an, und führen Sie es am Türrahmen vorbei. Mit dem anderen Bein gehen Sie in den Zehenstand. Diese Position halten Sie etwa zehn Sekunden. Nach sechs Wiederholungen wechseln Sie die Seiten.

Ist die Rumpfmuskulatur insbesondere im Bereich des Bauchs nur schwach ausgebildet, kommt es beim Stehen zur Bildung eines Hohlkreuzes. Beeinflusst werden dadurch auch Brust- und Halswirbelsäule.

Kräftigung des Körpers

▶ Ausgangsposition 1: Gehen Sie in den Unterarmstütz. Dazu knien Sie nieder und stützen sich mit angewinkelten Unterarmen auf dem Boden ab. Die Knie stehen dabei etwa zehn Zentimeter hinter den Hüftgelenken, so dass zwischen Rumpf und Oberschenkeln ein stumpfer Winkel entsteht.

▶ Ausführung: Spannen Sie die Rumpfmuskulatur an, und heben Sie beide Knie ein wenig vom Boden ab. Der Rücken bleibt dabei gerade. Achten Sie darauf, weder einen Buckel noch ein Hohlkreuz zu machen. Der Blick ist nach unten gerichtet, der Kopf bleibt in der Verlängerung der Wirbelsäule. Die Spannung halten, anschließend wieder entspannen und sechsmal wiederholen.

Sie können den Schwierigkeitsgrad erhöhen, indem Sie abwechselnd einen Fuß und zusätzlich den gegenüberliegenden Arm leicht anheben. Oder vergrößern Sie den Abstand zwischen Unterarmen und Knien.

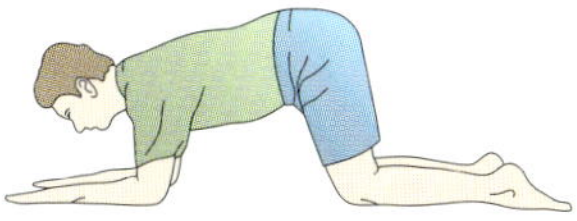

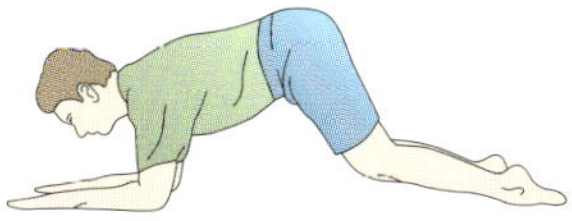

▶ Ausgangsposition 2: Nehmen Sie den Vierfüßlerstand (mit angezogenen Zehen) ein. Die Knie und Hände stützen sich am Boden ab, während die Wirbelsäule gestreckt bleiben sollte. Die Beine sind hüftbreit geöffnet, die Ellbogen leicht gebeugt.

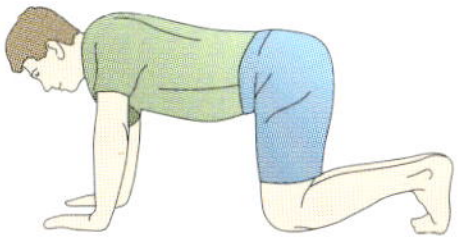

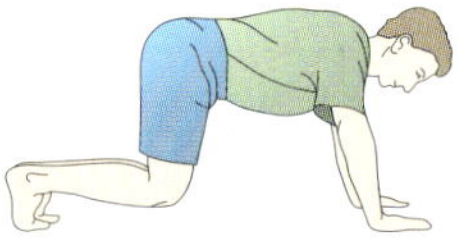

Ein trainierter und gedehnter Muskel ist bestens auf die Bewegung, die von ihm verlangt wird, vorbereitet. Er ist elastisch und damit weniger anfällig für Verletzungen.

▶ Ausführung: Heben Sie die Knie etwa zehn Zentimeter vom Boden ab, dass Sie nur noch auf den Zehenspitzen stehen. Während Ihr Oberkörper immer in der gleichen Höhe bleibt, krabbeln Sie mit den Händen nach vorn, nach hinten, nach innen und außen. Danach heben Sie eine Hand und gleichzeitig den diagonal gegenüberliegenden Fuß vom Boden ab und halten die Spannung etwa sechs Sekunden lang. Wichtig ist, dass Ihr Rumpf bei dieser Übung starr in der gestreckten Haltung bleibt.

Dehnungsübungen für die wichtigsten Muskelgruppen

Ein wichtiger Bestandteil der Rückenschule ist das Erlernen von Dehnungsübungen. Stretching, wie es im Englischen heißt, macht Sehnen und Muskeln elastischer, kann Fehlstellungen der Wirbelsäule korrigieren und Rückenschmerzen lindern. Bei unseren Übungen werden die wichtigsten Muskelgruppen erfasst, die ausreichend gedehnt sein müssen, um eine aufrechte Körperhaltung einnehmen zu können. Wir empfehlen diese Übungen allen, die nicht an akuten Bandscheibenproblemen leiden.

Grundregeln für die Dehnübungen

▶ Der Oberkörper ist stets aufgerichtet.

▶ Es darf nie ruckartig oder wippend gedehnt werden.

▶ Das Dehnen erfolgt immer erst nach einer Aufwärmphase.

▶ Es darf beim Dehnen nur ein Ziehen in den entsprechenden Muskelgruppen auftreten. Schmerzen sind ein Warnzeichen, dass etwas nicht richtig ist.

▶ Denken Sie immer an eine korrekte aufrechte Körperhaltung. Wenn Sie das beachten, entstehen kaum Verkürzungen, und es reicht aus, wenn Sie Ihre Übungen zwei- bis dreimal wöchentlich durchführen.

▶ Ebenso wichtig wie das Dehnen der Muskulatur sind Kräftigungsübungen, die an anderer Stelle beschrieben werden.

Dehnen der Wadenmuskulatur

Stellen Sie sich aufrecht vor eine Wand oder Tür. Treten Sie mit Ihrem rechten oder linken Fuß einen weiten Schritt nach hinten. Beide Arme drücken ausgestreckt in Schulterhöhe gegen die Wand oder Tür. Sie beugen das Knie des vorderen Beins, die Fußspitze ist leicht nach außen gedreht. Das hintere Bein bleibt gestreckt und die Fußspitze zeigt geradeaus. Nun drücken Sie beide Füße etwa acht Sekunden fest in den Boden. Entspannen Sie, und drücken Sie beide Fersen fest zum Boden. Nun müssen Sie ein Dehnungsgefühl in der Wadenmuskulatur empfinden. Nach einer Dehnung von 20 bis 30 Sekunden ist das andere Bein dran.

Achten Sie bei der Wadendehnung stets darauf, Kreuz oder Becken nie nach vorn zu drücken oder den Kopf nach hinten zu knicken. Der Blick ist immer auf die Spitze des vorderen Fußes gerichtet.

Dehnen der Leistenmuskulatur im Stehen

Machen Sie eine weite Grätsche, und beugen Sie das linke Knie. Mit den Händen stützen Sie sich an einem Stab oder Stuhl ab und verlagern das Körpergewicht zum gebeugten Bein, ohne dabei den Oberkörper zur Seite zu neigen. Nun drücken Sie den Fuß des gestreckten Beins kräftig in den Boden und halten diesen Druck etwa acht Sekunden lang. In der Entspannungsphase wird das Körpergewicht noch weiter zur Seite verlagert und die Kniebeugung verstärkt. Es darf aber kein Druckschmerz im Hüft- oder Kniegelenk des gedehnten Beins entstehen. Nun spüren Sie ein Dehnungsgefühl in der rechten Leistenmuskulatur. Diese Dehnung halten Sie 20 bis 30 Sekunden, dann wechseln Sie das Bein.

Dehnen der rückwärtigen Beinmuskulatur

Benutzen Sie für diese Übung einen Stuhl oder Hocker. Die Ferse des einen Beins setzen Sie auf die Sitzfläche, wobei Sie das Kniegelenk dieses Beins leicht anbeugen. Kontrollieren und unterstützen Sie die aufrechte Haltung, indem Sie eine Hand an Ihr Kreuz legen, die andere an das Brustbein. Nun drücken Sie mit der Ferse etwa acht Sekunden auf die Sitzfläche. Anschließend ziehen Sie die Zehenspitzen Richtung

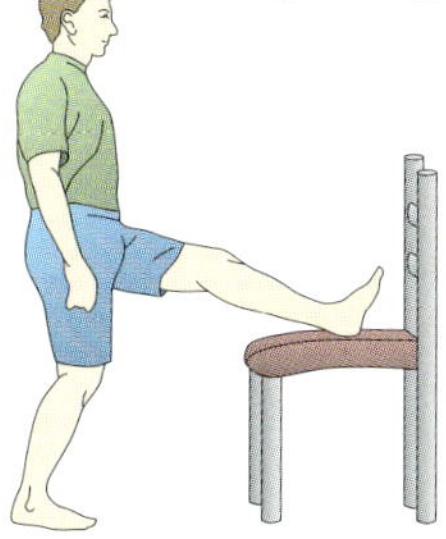

Nase und strecken das Kniegelenk. Das Dehnungsgefühl entsteht an der Rückseite des Oberschenkels und zieht bis ins Kniegelenk und in die Wadenmuskulatur. Nach 20 bis 30 Sekunden Dehnung wechseln Sie die Seite.

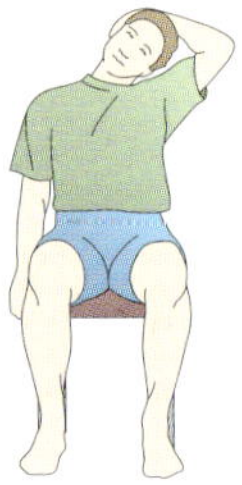

Dehnen der Nackenstreckmuskulatur

Setzen Sie sich aufrecht auf einen Stuhl oder Hocker. Neigen Sie den Kopf nach links, drehen Sie ihn nach rechts, und blicken Sie zur rechten Fußspitze. Das Kinn führen Sie in Richtung Brustbein. Der rechte Arm fasst gestreckt unter die Sitzfläche und hält sich dort fest. Die linke Hand greift über den Kopf zum rechten Ohr und hält den Kopf in dieser Position. Achten Sie bewusst darauf, dass Sie dabei keinen Druck auf den Kopf und damit auf die Halswirbelsäule ausüben. Nun versuchen Sie gegen den Widerstand der linken Hand den Kopf zur rechten Schulter zu neigen. Diese Spannung etwa acht Sekunden halten. In der Entspannungsphase neigen Sie den Kopf zur linken Schulter und drücken dabei das Kinn in Richtung Brustbein. Diese Dehnung wird 20 bis 30 Sekunden gehalten, bevor Sie die Übung mit der anderen Seite ausführen.

Dehnübungen sind immer erst der zweite Schritt eines gut durchdachten Gymnastikprogramms. Zuerst müssen die Muskeln auf »Betriebstemperatur« gebracht werden. Dazu dient ein kurzes Aufwärmtraining.

Dehnen der Leistenmuskulatur im Sitzen

Sie sitzen aufrecht auf einem Stuhl oder Hocker und spreizen die Beine so weit wie möglich auseinander. Die Fußspitzen zeigen nach außen. Die Arme sind gestreckt, die Handinnenflächen liegen an den Innenseiten der Knie. Nun drücken Sie mit den Knien gegen Ihre Handrücken. Die Arme erwidern den Druck. Diese Spannung halten Sie etwa acht Sekunden. Danach lassen Sie zu, dass Knie und Oberschenkel dem Druck der Handrücken langsam nachgeben und sich nach außen schieben. Gleichzeitig neigen Sie sich mit gestrecktem Oberkörper leicht nach vorn, wobei Ihre Wirbelsäule gestreckt bleiben muss. Ziehen Sie das Kinn in Richtung Brustbein, und schauen Sie nach vorn auf den Boden. So wird Ihre Halswirbelsäule nicht nach hinten geknickt. Die Dehnung sollten Sie 20 bis 30 Sekunden beibehalten.

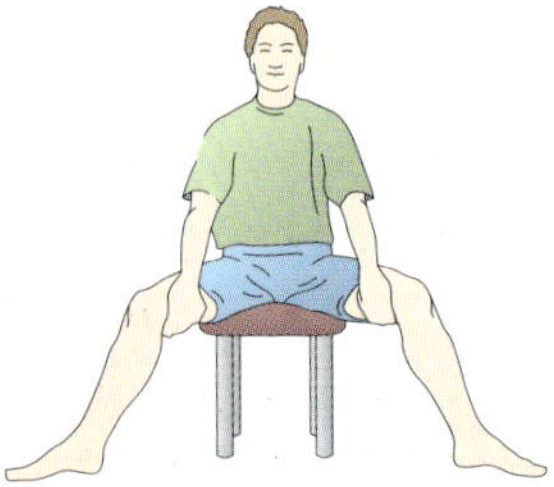

Dehnen von Brustmuskulatur und Schultergelenk

Als Hilfsmittel für diese Übung benötigen Sie zwei Hocker oder Stühle, die so weit auseinander stehen, dass Sie im Kniestand beide Unterarme auf die Sitzflächen legen können. Die Ober- und Unterschenkel bilden einen 90-Grad-Winkel. Das Kinn wird Richtung Brustbein gezogen, der Blick ist auf den Boden gerichtet. Nun drücken Sie beide Unterarme auf die Sitzflächen. Diese Spannung etwa acht Sekunden halten. In der Entspannungsphase schieben Sie Ihren Brustkasten langsam bei gestreckter Wirbelsäule in Richtung Boden. Diese Dehnung 20 bis 30 Sekunden halten. Achten Sie stets darauf, dass die Knie auseinander stehen und dass Sie bei der Bewegung in der Entspannungsphase nie das Kreuz nach vorn drücken (Hohlkreuz)!

Bewegungsabläufe im Körper folgen fünf motorischen Eigenschaften: Ausdauer, Beweglichkeit, Koordination, Kraft und Schnelligkeit.

Dehnen der Kniestreck- und Hüftbeugemuskulatur

Sie liegen auf dem Bauch. Die Beine sind gespreizt, die Arme nach vorn ausgestreckt. Die Wirbelsäule ist gestreckt, der Blick zum Boden gerichtet. Nun heben Sie das rechte Bein gestreckt vom Boden ab, das Becken bleibt dabei fest am Boden. Jetzt beugen Sie das Kniegelenk so

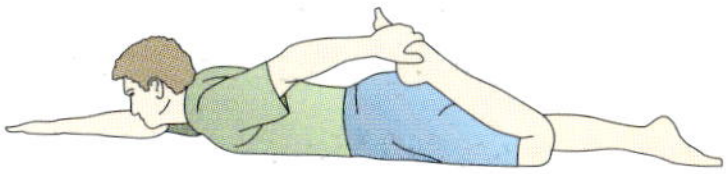

Nach längerem Schreiben oder Arbeiten am Computer ist die Nackendehnung eine ideale Übung. Legen Sie den Kopf langsam zu einer Seite, bis die Dehnung auf der Gegenseite spürbar wird.

Fachleute geben gern Auskunft darüber, wie eine Übung richtig ausgeführt wird. Es ist besser, einmal mehr zu fragen, als seinem Rücken durch falsch ausgeführte Übungen noch weiter zu schaden.

weit Sie können an, nehmen den rechten Arm nach hinten und greifen den Fuß des angebeugten Beins. Ziehen Sie den Fuß in Richtung Gesäß. Dann versuchen Sie den Unterschenkel zu strecken und den Oberschenkel wieder auf den Boden zurückzuführen. Die Hand hält den Fuß fest und verhindert diese Bewegung. Diese Spannung etwa acht Sekunden halten. Anschließend heben Sie den Oberschenkel vom Boden ab und ziehen den Fuß noch weiter in Richtung Po. Diese Dehnung 20 bis 30 Sekunden halten. Nun üben Sie mit dem anderen Bein.

Dehnen der Brust- und Bauchmuskulatur

Aus dem Kniestand beugen Sie sich vor und krabbeln mit beiden Händen am Boden nach vorn, bis ein 90-Grad-Winkel zwischen Ober- und Unterschenkel erreicht ist. Ziehen Sie Ihr Kinn in Richtung Brustbein, und richten Sie den Blick auf den Boden. Die Arme bewegen Sie schräg nach vorn außen. Nun drücken Sie mit beiden Handflächen auf den Boden. Diese Spannung halten Sie etwa acht Sekunden. Dann krabbeln Sie mit den Händen noch weiter nach vorn, ohne jedoch den 90-Grad-Winkel zu verändern. Nun sollten Sie eine Dehnung in der Brust- und Bauchmuskulatur spüren, die Sie 20 bis 30 Sekunden halten. Der Rücken muss bei dieser Übung gestreckt bleiben, also nie das Kreuz nach vorn drücken (Hohlkreuz)! Der Blick bleibt immer zum Boden gerichtet, damit die Halswirbelsäule nicht nach hinten knickt.

Topübungen – von Fachleuten empfohlen

Bei den folgenden Topübungen handelt es sich um Paradeübungen erfahrener Krankengymnasten, die in Krankenhäusern, Kurkliniken oder eigenen Praxen fast ausschließlich Rückenpatienten betreuen.
Machen Sie eine der Übungen, die für Ihre Art von Beschwerden geeignet ist, zu Ihrer Lieblingsübung. »Opfern« Sie dieser Übung täglich ein paar Minuten.

Entlastung nach einem anstrengenden Arbeitstag

Den Kopf-Nacken-Schulter-Bereich trainieren Sie mit folgenden Übungen. Anfänger wiederholen diese Übungen dreimal und steigern sich langsam auf zehn Durchgänge. Dabei ist es wichtig, ein ruhiges Tempo einzuhalten.

▶ Ausgangsposition: Legen Sie sich auf den Rücken. Die Beine liegen entspannt in leichter Grätschstellung auf dem Boden, die Arme etwas abgewinkelt neben dem Körper.

▶ Ausführung 1: Neigen Sie den Kopf abwechselnd zur rechten und zur linken Schulter. Dabei nähert sich das Ohr der Schulter, ohne dass diese hochgezogen wird.

▶ Ausführung 2: Drehen Sie den Kopf abwechselnd nach rechts und nach links.

▶ Ausführung 3: Nun heben Sie den Kopf an, indem Sie das Kinn zur Brust führen, und legen ihn wieder ab.

▶ Ausführung 4: Falten Sie die Hände hinter dem Kopf, und neigen Sie Kopf und Schultergürtel im Wechsel nach links und nach rechts, ohne den Oberkörper von der Matte zu lösen.

▶ Ausführung 5: Falten Sie die Hände hinter dem Kopf. Kopf und Schultergürtel im Wechsel nach rechts oder nach links drehen. Die führende Schulter löst sich dabei von der Matte.

▶ Ausführung 6: Die Hände werden hinter dem Kopf gefaltet. Kopf und Schultergürtel werden im Wechsel angehoben und abgelegt.

Wenn sich langes Sitzen oder Stehen überhaupt nicht vermeiden lässt, helfen häufige Positionswechsel, die Belastungen für die Wirbelsäule in Grenzen zu halten.

Schmerzlinderung nach langem Sitzen oder Stehen

Diese Übung lässt sich problemlos in einer kleinen Pause einschieben.

▶ Ausgangsposition: Stellen Sie sich in etwa fünf Zentimeter Abstand mit dem Rücken an eine Wand. Die Beine sind leicht gespreizt, die Knie etwas gebeugt, die Füße leicht nach außen gestellt.

▶ Ausführung: Pressen Sie den Po und die gesamte Wirbelsäule gegen die Wand, der Hinterkopf drückt ebenfalls dagegen. Wenn Ihnen das nicht möglich ist, stecken Sie ein festes Kissen zwischen Wand und Hinterkopf. Das Kinn wird nur unmerklich in Richtung Brust gezogen.

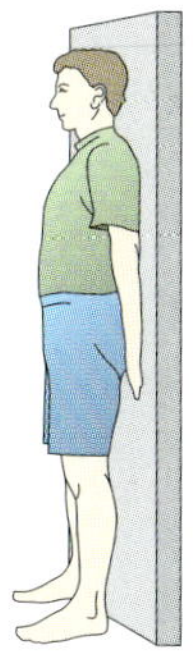

Die Nase ist nach vorn gerichtet. Beide Arme werden jetzt so gedreht, dass die Daumen nach außen zeigen, die Hände sind geöffnet. Nun kneifen Sie die Pobacken fest zusammen und drücken Ihren Rücken großflächig gegen die Wand. Kopf, Arme und Hände in unveränderter Ausgangsstellung mit aller Kraft dagegen drücken, zehn Sekunden halten. Wiederholen Sie die Übung einige Male.

Wenn der Bandscheibenvorfall ausgeheilt ist

Diese Übung empfiehlt sich zur Kräftigung der gesamten Rückenmuskulatur. Die Übung sollte Ihnen keine Schmerzen verursachen, aber ein leichter Muskelkater ist unbedenklich.

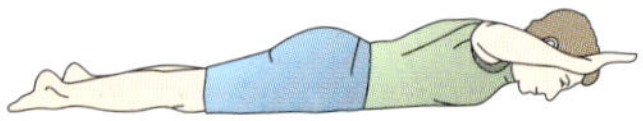

▶ Ausgangsposition: Sie liegen auf dem Bauch. Ihre Arme bilden neben dem Kopf ein U, die Stirn liegt auf dem Boden. Legen Sie sich ein festes Kissen oder eine zusammengerollte Decke unter den Bauch, um eine Hohlkreuzstellung zu vermeiden.

▶ Ausführung: Spannen Sie das Gesäß und die Bauchmuskulatur fest an. Stellen Sie die Zehen auf, und schieben Sie die Fersen nach hinten. Heben Sie den Kopf etwas an, der Blick weist weiterhin nach unten. Im Anschluss daran heben Sie beide Arme an und schieben die Schulterblätter in Richtung Wirbelsäule. Die Spannung sollte etwa fünf bis zehn Sekunden gehalten werden. Sie können die Übung zwei- bis dreimal wiederholen.

Bodenübungen absolvieren Sie am besten auf einem Teppichboden oder einer Gymnastikmatte. In Sportgeschäften gibt es eine große Auswahl an leicht zu transportierenden rutschfesten Unterlagen.

Übung für geschädigte Bandscheiben und Wirbelgelenke

Bei vorliegenden Schädigungen sowie zur Vorbeugung verschiedener Rückenerkrankungen empfehlen sich folgende Übungen.

▶ Ausgangsposition: Sie liegen mit dem Rücken auf dem Boden, die Arme neben dem Körper.

▶ Ausführung: Linker Ellbogen und rechtes Knie nähern sich einander. Den Kopf, nicht den Oberkörper, leicht anheben. Rechten Arm und linkes Bein strecken und ebenfalls leicht abheben. Das ist besonders wichtig, um auch die Wirbelsäule gestreckt zu halten. Üben Sie in rhythmischem Wechsel.

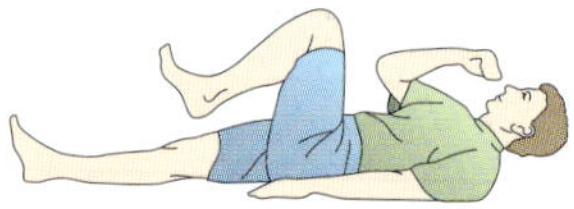

Auch gegen Blasenschwäche

Mit dieser Rückenübung erzielen Sie auch einen entlastenden Effekt auf die Organe im kleinen Becken, was vor allem für Frauen sehr wichtig ist, speziell bei der häufig auftretenden Schwäche des Beckenbodens. Bei Rückenbeschwerden kommt es häufig auch zu Problemen im unteren Rücken, im Beckenboden sowie mit Blase und Gebärmutter. Die Übung hat zudem einen besonders guten stabilisierenden Effekt.

- Ausgangsposition: Sie liegen auf dem Rücken, die Beine sind angewinkelt, die Arme liegen neben dem Körper.
- Ausführung: Bauch und Po werden angespannt. Nun heben Sie das Becken möglichst bis in die Waagrechte.
- Variation für Fortgeschrittene: Halten Sie das Becken in waagrechter Stellung, und heben Sie abwechselnd ein Bein an, wobei Sie das Knie dieses Beins strecken.
- Variation für gut Trainierte: In der Rückenlage ziehen Sie ein Bein an den Bauch und umfassen es mit den Händen. Mit dem anderen aufgestellten Bein drücken Sie das Becken nach oben. Anschließend wechseln Sie die Seite.

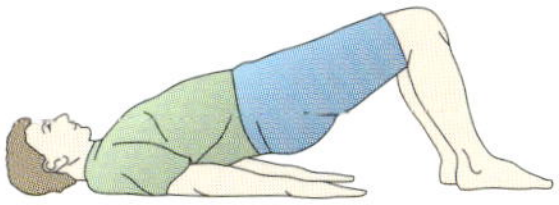

Kräftigt das Iliosakralgelenk: Begeben Sie sich in den einseitigen Fersensitz, ein Bein ist nach hinten gestreckt. Den Rumpf nach vorn beugen und mit angewinkelten Ellbogen den Oberkörper am Boden abstützen. Das nach hinten gestreckte Bein anheben und bis zehn zählen. Der Oberkörper bleibt dabei in Kontakt mit dem vorderen Oberschenkel.

Dehnung der Brust- und Bauchmuskulatur

Diese vorbeugende Übung ist für das tägliche Körperpflegeprogramm so wichtig wie das Zähneputzen. Dehnungsübungen spielen als Ausgleich für sitzende Tätigkeiten eine zentrale Rolle.

- Ausgangsposition: Sie stehen in leichter Grätschstellung dicht vor einer Wand oder Tür. Die Fußspitzen zeigen nach außen, die Arme werden schräg nach oben ausgestreckt.
- Ausführung: Drücken Sie beide Hände fest gegen Wand oder Tür, und halten Sie diesen Druck etwa acht Sekunden. Danach krabbeln Sie mit beiden Händen schräg nach außen oben, bis Sie eine Dehnung in der Brustmuskulatur bis hin zum Bauch spüren. Diese Dehnung 20 bis 30 Sekunden halten. Passen Sie auf, dass beide Fersen fest am Boden bleiben und dass die Zugrichtung der Arme nach oben geht. Kreuz und Becken werden nicht nach vorn gedrückt!

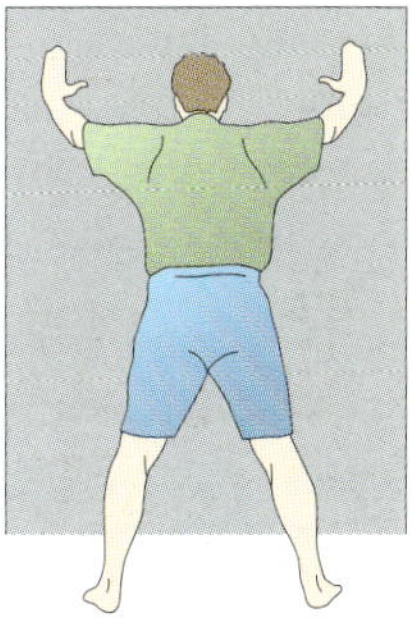

Mobilisation des Kreuz-Darmbein-Gelenks

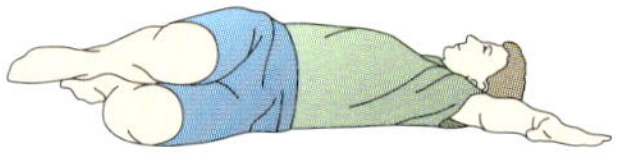

Diese Übungen dienen der Mobilisation und der Kräftigung des wichtigen Gelenks zwischen Kreuzbein und Becken.

▶ Ausgangsposition: Rückenlage. Die Beine sind angezogen und geschlossen aufgestellt.

▶ Ausführung: Beide Knie zu einer Seite sinken lassen; das obere Knie in Verlängerung des Oberschenkels vorschieben. Die Spannung etwa zehn Sekunden halten. Nach fünf Wiederholungen die Seite wechseln. Bei dieser Übung muss der Schultergürtel am Boden liegen bleiben.

Die richtige Atmung spielt bei allen Übungen eine wichtige Rolle. Atmen Sie ruhig und gleichmäßig, vermeiden Sie Pressatmung.

Kräftigung der geraden und schrägen Bauchmuskulatur

Haltungsschwächen, -fehler und unspezifische Rückenbeschwerden werden mit folgender Übung erfolgreich in Schach gehalten.

▶ Ausgangsposition: Sie liegen auf dem Rücken, die Beine sind angewinkelt, die Fußsohlen pressen in leichter Grätsche gegen eine Wand. Sprunggelenke, Knie und Hüften bilden jeweils einen rechten Winkel.

▶ Ausführung: Die Arme werden diagonal vor der Brust verschränkt. Die Innenfläche der rechten Hand legt sich auf die linke Schulter, die Innenfläche der linken Hand auf die rechte Schulter. Beim Ausatmen heben Sie Kopf und Oberkörper zunächst ohne seitliche Verdrehung an, halten die Spannung ein paar Sekunden und legen beide beim Einatmen wieder ab. Nun heben Sie den Oberkörper zum rechten, beim nächsten Mal zum linken Knie an. Je nach Kondition 15- bis 30-mal wiederholen.

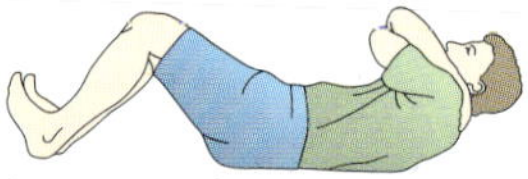

Automobilisation der Brustwirbelsäule

Besonders wirkungsvoll erweist sich folgende Übung bei Blockaden, Flachrücken, Rundrücken und degenerativen Veränderungen der Wirbelsäule. Anfangs verspüren Sie bei dieser Übung ein unangenehmes Druckgefühl in der Brustwirbelsäule, das aber mit der Zeit nachlässt. Die Übung sollten Sie bei chronischen Beschwerden einmal täglich ausführen, bei bereits abgeklungenen Beschwerden zweimal täglich.

Durch das Auflegen der Schultern und das Drehen des Beckens wird die Wirbelsäule angenehm gedehnt. Achten Sie jedoch darauf, dass die Schultern locker bleiben und sich nicht von der Unterlage lösen.

Als Hilfsmittel benötigen Sie ein Handtuch in Standardgröße. Dieses wird je einmal längs- und quergefaltet und dann längs aufgerollt. Die Länge beträgt dann ca. 23 Zentimeter, die Dicke ca. sechs Zentimeter.

▶ Ausgangsposition: Sie liegen auf dem Rücken. Das gerollte Handtuch wird unter dem Rücken in Höhe des zwölften Brustwirbels platziert. Dieser Wirbel befindet sich etwa in Taillenhöhe.

▶ Ausführung: Bleiben Sie eine Minute mit gestreckten Armen und Beinen ruhig liegen. Dann setzen Sie die Füße auf, die Knie sind etwa 90 Grad gebeugt. Zehnmal die Knie im Wechsel nach rechts und nach links bewegen, anfangs nur um ca. 25 bis 30 Grad, später mit vollem Bewegungsausschlag. Nun rutschen Sie etwa zwei bis drei Zentimeter weiter nach unten, das zusammengerollte Handtuch bleibt jedoch an seinem Platz. Es liegt jetzt unter dem nächst höheren Brustwirbel. Pendeln Sie jetzt wieder mit den Knien nach rechts und nach links.

Stabilisierung der Wirbelsäule

Diese Übung ist ideal zum Aufbau der gesamten Rumpfmuskulatur. Wer bereits einen Bandscheibenvorfall hatte, sollte diese Übung unbedingt in sein Standardprogramm aufnehmen.

Für alle Rückenpatienten wichtig: die richtige Matratze. Sie darf weder zu hart noch zu weich sein. Bewährt haben sich Taschenfederkern- sowie hochwertige Latexmatratzen.

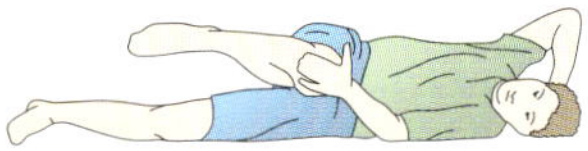

Übt die Standfestigkeit und kräftigt die Rückenmuskulatur: Sie stehen aufrecht und strecken beide Arme weit nach hinten. Den Kopf ganz leicht Richtung Nacken bewegen und ein Bein nach hinten abspreizen. Einige Sekunden stehen bleiben, dann das Bein wechseln.

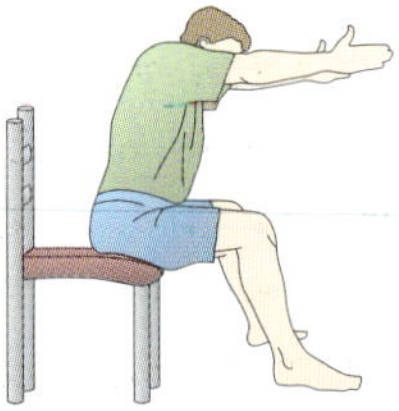

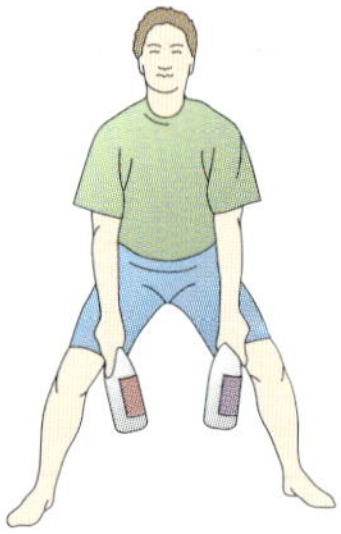

▶ Ausgangsposition: Sie liegen auf der linken Seite. Der Rücken ist gerade, der Kopf befindet sich in der Verlängerung der Wirbelsäule.

▶ Ausführung: Mit der rechten Hand fassen Sie hinter den Kopf und bauen eine Spannung auf, indem Sie den Kopf gegen den Widerstand der Hand nach hinten drücken. Linke Hand und rechtes Knie bewegen sich aufeinander zu und werden fest gegeneinander gestemmt. Das linke Bein ist gestreckt. Die Stemmvorgänge laufen zur gleichen Zeit ab und sollten acht bis zehn Sekunden dauern. Nach vier Sekunden Entspannung bauen Sie die Spannung erneut auf. Wechseln Sie nach zehn Wiederholungen die Seite.

Einfach, aber effektiv

Folgende Übungen zur Stabilisation der Wirbelsäule sind verblüffend einfach, aber sehr effektiv.

▶ Ausgangsposition: Sie sitzen auf dem vorderen Drittel eines Stuhls, der Rumpf ist leicht nach vorn geneigt. Die Beine sind leicht gegrätscht und etwas ausgestellt, so dass die Knie tiefer liegen als die Hüftgelenke. Die Fußsohlen haben Bodenkontakt. Das Brustbein ist schräg nach oben gerichtet, die Schulterblätter werden nach hinten unten gezogen. Das Kinn wird zu einem leichten Doppelkinn nach unten gezogen, wodurch sich die Halswirbelsäule aufrichtet.

▶ Ausführung: Strecken Sie die Arme in Schulterhöhe nach vorn aus, die Daumen sind aufgerichtet und zeigen nach oben. Führen Sie beide Arme wechselseitig in kurzen, schnellen Bewegungen über den Kopf und zurück. Die Arme bleiben dabei leicht gebeugt. Passen Sie auf, dass Sie die Schultern nicht hochziehen und die Position des Rumpfs beibehalten.

Stabilisation der Wirbelsäule und Kräftigung der Rumpfmuskulatur

▶ Ausgangsposition: Sie stehen mit leicht gebeugten Knien in einer hüftbreiten Grätsche. Der Oberkörper neigt sich bei gestrecktem Rumpf nach vorn. Je weiter diese Neigung ausfällt, desto mehr wird auch die Rückenmuskulatur des unteren Bereichs trainiert. Die Arme befinden sich vor den Unterschenkeln, in jeder Hand halten Sie eine Flasche Wasser.

▶ Ausführung: Die Schulterblätter nach hinten unten zur Wirbelsäule ziehen, die leicht gebeugten Arme mit den Flaschen nach oben außen bis in Schulterhöhe führen. Es ist wichtig, dass Sie bei dieser Übung die Schultern nicht hochziehen. Beim Anheben der Arme dürfen Sie nicht ins Hohlkreuz gehen.

Training der Ganzkörperkoordination

Diese Übung bietet die Möglichkeit, die Kontrolle über den eigenen Körper in verschiedenen Stellungen der Beine intensiv zu trainieren.

▶ Ausgangsposition: Sie stehen auf einem Bein in Sprinterhaltung, d. h., das andere Bein ist etwa hüfthoch angezogen. Die angewinkelten Arme befinden sich wie beim Laufen vor bzw. hinter dem Körper, die Handflächen zeigen nach innen.

▶ Ausführung: Imitieren Sie eine Laufbewegung. Führen Sie einen Arm nach vorn, den anderen in einer Gegenbewegung nach hinten, senken Sie das Bein, und stellen Sie den Fuß hinten auf. Nun wandern die Arme in die Gegenrichtung, und das Bein hebt sich wieder. Als Steigerung führen Sie diesen Bewegungsablauf sehr langsam aus, ohne den Fuß auf dem Boden abzusetzen. Nach acht bis zwölf Wiederholungen sollten Sie eine kurze Pause machen (30 bis 60 Sekunden) und das Bein wechseln. Insgesamt drei bis fünf Serien ausführen.

Fragen Sie sich bei jeder Bewegung, wie sie sich anfühlt. Das trainiert die Körperwahrnehmung. Sie ist eine wichtige Voraussetzung für die effektive Selbsthilfe.

Vorbeugendes Bauchmuskeltraining

Damit aus Rückenschmerzen kein Dauerzustand wird, empfiehlt sich ein präventives Bauchmuskeltraining in der Stufenlagerung.

▶ Ausgangsposition: Stufenlagerung. Die Unterschenkel liegen bequem auf einem Stuhl, Hocker oder Würfel. Hüften und Knie sind rechtwinklig gebeugt. Zur Stabilisierung der Halswirbelsäule neigt sich das Kinn in Richtung Brust. Die Schulterblätter werden leicht nach unten gezogen.

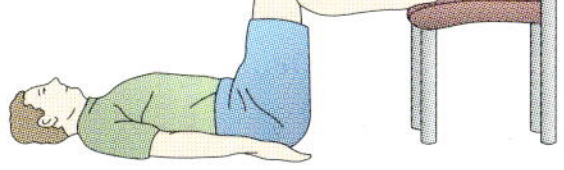

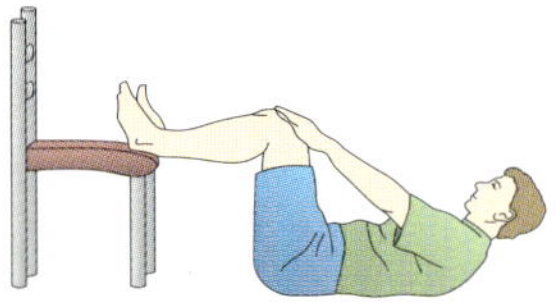

▶ Ausführung: Heben Sie Kopf und Schulterblätter vom Boden ab. Für einige Sekunden in dieser Position bleiben und wieder ablegen. Machen Sie nach 15 bis 20 Wiederholungen eine zweiminütige Pause, in der Sie ruhig in den Bauch atmen. Führen Sie die Übung insgesamt dreimal durch. Bei akuten Rückenbeschwerden ist sie nicht geeignet.

Übungen während langer Autofahrten

Lange Autofahrten ohne Pausen sind Gift für jeden Rücken. Zur starren Sitzhaltung gesellen sich noch Schläge, Stöße und Vibrationen, die jede Bandscheibe auf eine harte Belastungsprobe stellen. Brummi- oder Taxifahrer können ein Lied davon singen, wie ihr Beruf ihnen ins Kreuz geht. Viele von ihnen leiden unter chronischen Rückenschmerzen, und nicht wenige müssen wegen gesundheitlicher Probleme frühzeitig ihren Beruf aufgeben. Ohne Zweifel landen Jahr für Jahr weitaus mehr Kapitäne der Landstraße mit einem Bandscheibenvorfall auf einem OP-Tisch als an einem Straßenbaum. Aber auch der »normale« Autofahrer sollte die Gefahren einer Marathontour für seinen Rücken nicht unterschätzen. Ein Ziehen, Reißen oder Kribbeln im Bein nach mehrstündiger Non-Stop-Fahrt kann bereits das erste Alarmzeichen für einen Bandscheibenvorfall sein.

Das Risiko eines Bandscheibenvorfalls liegt bei Menschen, die die Hälfte ihrer Arbeitszeit hinter dem Steuer eines Kraftfahrzeugs verbringen, dreimal höher als bei einem Normalautofahrer.

Die Wirbelsäule abstützen

Schieben Sie sich vor Fahrtantritt ein Kissen oder ein zusammengerolltes Handtuch hinter den Lendenbereich. Noch besser ist ein spezielles, für Autositze gearbeitetes Rückenstützkissen, das die aufrechte Sitzhaltung fördert. Solche Kissen mit Schaumstoffkernfüllung werden mit Gurten an der Sitzlehne befestigt, damit sie während der Fahrt nicht verrutschen. Sie bekommen sie im Autozubehörhandel oder in Gesundheitsfachgeschäften. Sollten Ihre Rückenprobleme ernsthafter Natur sein, wäre die Anschaffung eines orthopädischen Autositzes zu überlegen. Solche Sitze verfügen über asymmetrische Unterpolsterungsmöglichkeiten und können individuell angepasst werden.

Fit durch Pausen

Der beste Komfortsitz kann jedoch kaum verhindern, dass Ihr Kreuz irgendwann schmerzt. Deshalb sollten Sie etwa alle zwei Stunden einen Rastplatz ansteuern und eine Viertelstunde pausieren. In dieser Zeit besänftigen Sie Ihren Rücken mit gezielter Autofahrergymnastik. Ihr Wagen wird dabei zum Trimmgerät umfunktioniert.
Nutzen Sie außerdem auf großen Touren Rotphasen oder Verkehrsstaus für Lockerungsübungen. Länger als acht Stunden am Tag sollte man auf keinen Fall hinter dem Steuer sitzen.

Pausen beim Autofahren tun nicht nur dem Rücken gut. Frische Luft und Bewegung machen Sie auch geistig wieder frischer und vertreiben die Müdigkeit.

Übungen auf dem Parkplatz

- Fünf- oder zehnminütiges schnelles Gehen entspannt die Muskeln und entlastet die Wirbelsäule. Ist der Körper vom langen Sitzen eingerostet, langsam beginnen und die Belastung vorsichtig steigern.
- Halten Sie sich am Autodach fest, und stellen Sie sich auf die Zehenspitzen. Rollen Sie die Füße nun langsam ab, bis Sie auf den Fersen stehen, dabei ziehen Sie die Zehen so weit wie möglich an. Die Knie bleiben bei dieser Übung leicht gebeugt, Po und Bauch sind angespannt, damit sich kein Hohlkreuz bildet.
- Sie halten sich wieder am Autodach fest, fassen Ihren rechten Fuß und ziehen ihn hinter den Po. Dadurch wird der vordere Oberschenkel gedehnt. Nun üben Sie mit dem linken Bein. Spannen Sie Po und Bauch fest an, um ein Hohlkreuz zu vermeiden, und achten Sie darauf, dass sich die Wirbelsäule nicht seitlich verdreht.
- Legen Sie nun die Hände flach auf die Kühlerhaube, und machen Sie abwechselnd ein Hohlkreuz und einen Katzenbuckel. Achten Sie darauf, dass Sie die Bewegung sanft und geschmeidig ausführen. Sehr gut bewährt hat sich diese Übung bei einem lahmen Kreuz.
- Öffnen Sie die Autotür, und stellen Sie eine Ferse auf den Sitz. Das so abgestützte Bein wird nun gebeugt und gestreckt, bis Sie ein Ziehen im hinteren Oberschenkelmuskel verspüren. Der Körper bleibt während dieser Übung in aufrechter Haltung stehen. Anschließend dehnen Sie das andere Bein.

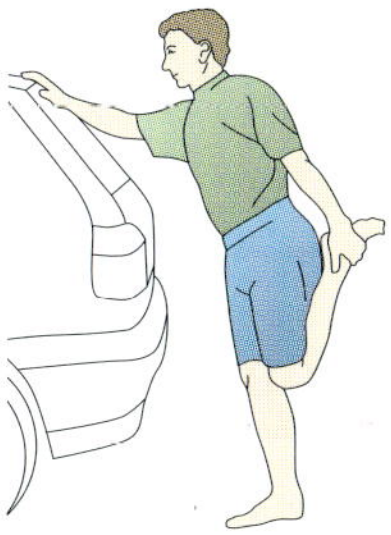

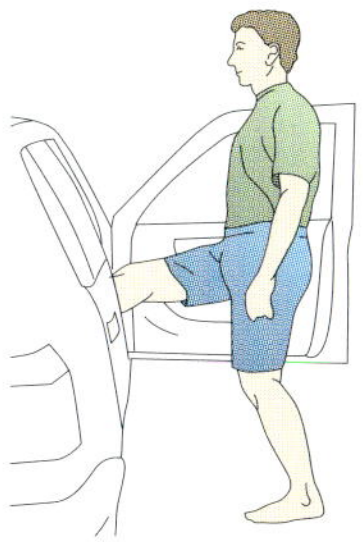

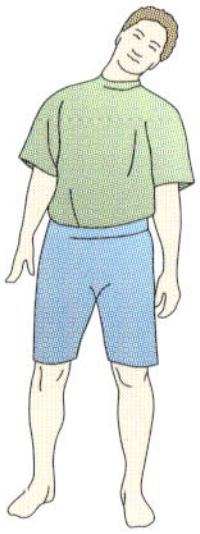

▶ Die Hand des rechten Arms stützt sich auf die Kühlerhaube, der linke Arm und der Oberkörper werden langsam nach hinten gedreht und langsam wieder in die Ausgangsposition zurückgeführt. Stützen Sie anschließend den linken Arm auf der Kühlerhaube ab, und drehen Sie sich in die andere Richtung. Die Knie sind bei dieser Übung leicht gebeugt, Po und Bauch sind fest angespannt, damit keinesfalls ein Hohlkreuz entsteht.

▶ Gehen Sie mit leicht gebeugten Knien in die Grätsche, die Füße stehen etwa hüftbreit auseinander. Stemmen Sie die Hände in die Hüften, und schieben Sie das Becken nach rechts oder nach links, nach vorn oder nach hinten. Bauch und Po sind dabei ganz fest angespannt, der Oberkörper sollte bei dieser Übung unbedingt aufrecht sein und sich nicht mit dem Becken mitbewegen.

▶ Sie stehen aufrecht und blicken geradeaus nach vorn. Neigen Sie den Kopf nach links, und ziehen Sie die rechte Schulter dabei nach unten. Der Blick bleibt nach vorn gerichtet. Anschließend wechseln Sie die Seite. Einige Male wiederholen.

Viele Arbeitgeber wären gut beraten, die eine oder andere Pause durch einen Fitnesstrainer gestalten zu lassen. Nach einer solchen Pause würden neue Kräfte freigesetzt.

Sechsmal Entspannung im Stau

▶ Strecken Sie die Arme nach oben, und räkeln Sie sich in Ihrem Sitz. Beugen Sie sich so weit wie möglich nach vorn, und richten Sie sich wieder auf.

▶ Drehen Sie den Kopf nach rechts und links, kreisen Sie mit den Schultern. Das lockert die steife Nackenmuskulatur.

▶ Die Arme fest gegen das Lenkrad stemmen, als wollten Sie es wegdrücken. Während Sie die Spannung ein paar Sekunden aufrecht halten, atmen Sie ruhig weiter. Insgesamt sollten es etwa sechs Sekunden sein, in denen Sie die Spannung halten.

▶ Verschränken Sie die Hände hinter dem Kopf, und bauen Sie eine isometrische Spannung auf, bei der Kopf und Hände mit der gleichen Kraft gegeneinander drücken.

▶ Verlagern Sie Ihr Gewicht mehrmals abwechselnd von der einen Pobacke auf die jeweils andere; danach werden beide Seiten wieder gleichmäßig belastet.

Übungen am Arbeitsplatz

Schon wenige Minuten Gymnastik am Arbeitsplatz machen Sie wieder locker und fit. Aktivieren Sie auch Ihre Kollegen, gemeinsam macht es doppelt so viel Spaß.

Wohltuend bei langem Sitzen

Die Übungen werden – wenn nicht anders erwähnt – im Sitzen ausgeführt.

- Setzen Sie sich falsch herum auf Ihren Bürostuhl, und stützen Sie die Ellbogen auf der Rückenlehne auf – das entlastet Muskulatur und Bandscheiben.
- Ziehen Sie die Schultern langsam hoch, und führen Sie sie dann bewusst nach unten. Halten Sie die Positionen jeweils einige Sekunden, lösen Sie dann die Spannung, und lockern Sie Arme und Schultern.
- Die Ellbogen werden in Schulterhöhe langsam nach hinten gezogen – so kräftigen Sie die Muskulatur im Schulterbereich.
- Stehen Sie auf, und stützen Sie sich mit beiden Händen auf dem Schreibtisch ab. Die Knie sind dabei leicht angewinkelt. Mit dieser Übung nehmen Sie Ihr Gewicht von den Bandscheiben und entlasten die Wirbelsäule.
- Zur Nackendehnung neigen Sie langsam den Kopf zu einer Seite und ziehen den entgegengesetzten Arm nach unten; üben Sie abwechselnd links und rechts.
- Entspannung für den Nacken: Streichen Sie mit beiden Händen mehrmals den Nacken aus. Lockern Sie anschließend die Arme mit schüttelnden Bewegungen.
- Recken, Räkeln und Strecken entlastet die Wirbelsäule.
- Um die gute Beweglichkeit der Wirbelsäule zu fördern, spannen Sie den Po leicht an, drehen den Oberkörper langsam nach rechts und anschließend nach links.
- Neigen Sie den Rumpf langsam nach rechts oder nach links, und atmen Sie dabei ganz ruhig weiter; der Po sollte dabei auf keinen Fall von der Sitzfläche abheben.

Allzu langes Sitzen belastet die Wirbelsäule. Wenn Sie viel am Schreibtisch sitzen, sollten Sie zwischendurch immer wieder einmal aufstehen und sich gerade hinstellen oder im aufrechten Gang durchs Zimmer gehen. Auch Arbeiten an einem Stehpult bringt Abwechslung.

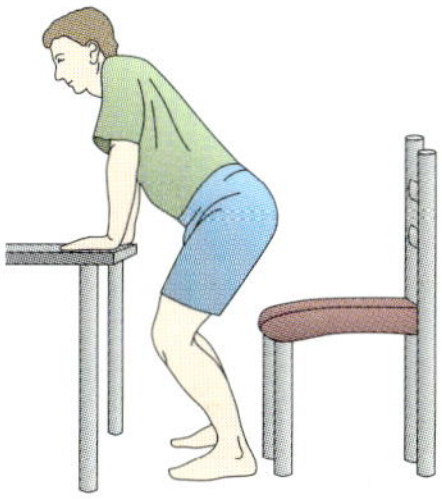

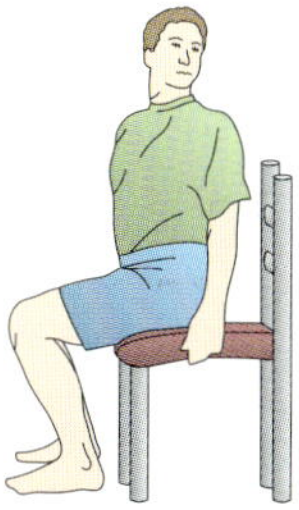

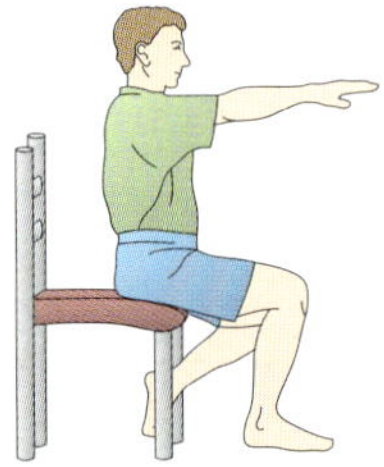

▶ Stemmen Sie sich mit gestreckten Armen an den Stuhllehnen hoch, der Oberkörper bleibt locker – das entlastet Muskulatur und Bandscheiben.

▶ Abwechselnd strecken Sie einen Arm nach vorn und das gegenüberliegende Bein leicht nach hinten. Achten Sie aber auch hier wieder darauf, dass Sie nicht ins Hohlkreuz fallen. Nach der Übung die Beine und Arme im Stehen lockern.

▶ Zur Kräftigung von Rücken und Po: Abwechselnd ein Bein nach hinten wegstrecken und einige Sekunden halten. Dabei gleichmäßig weiteratmen.

▶ Dehnung von Hüfte und Beinvorderseite: Spannen Sie Gesäß und Bauch fest an, und schieben Sie die Hüften nach vorn. Fallen Sie dabei nicht ins Hohlkreuz!

Langes Stehen belastet nicht nur die Wirbelsäule, auch die Gefäße der Beine werden in besonderer Weise in Mitleidenschaft gezogen. Ein gut ausgebildeter Muskelapparat trägt dazu bei, dass die Wirbelsäule ebenso entlastet wird wie die Venen.

Entlastung beim Stehmarathon

Alle Übungen werden im Stehen ausgeführt.

▶ Zur Entlastung der Wirbelsäule lehnen Sie sich an einer Wand an, oder benutzen Sie zwischendurch eine Stehhilfe (Stehstütz) mit höhenverstellbarer Sitzschale.

▶ Dynamisch stehen: Treten Sie von einem Bein auf das andere, das entlastet die Gelenke, und das Blut kann besser zirkulieren.

▶ Suchen Sie sich ein Treppchen, eine Kiste, einen Stapel Papier, und stellen Sie abwechselnd das linke und das rechte Bein darauf. Die Übung entlastet Beine und Rücken.

▶ Gehen oder traben Sie auf der Stelle. So wird Ihr Herz-Kreislauf-System aktiviert, und die Beine werden leichter.

▶ Stützen Sie die Ellbogen auf einem Regal auf, um den Rücken zu entlasten.

▶ Dehnung der Rumpfseite: Sie stehen in einer leichten Grätsche, das Gesäß ist leicht angespannt. Strecken Sie nun den linken Arm nach oben, so dass er parallel zum Ohr liegt. Neigen Sie nun den Rumpf langsam nach rechts, und führen Sie den nach oben gestreckten Arm mit, der andere hängt locker nach unten. Führen Sie diese Übung in beide Richtungen aus.

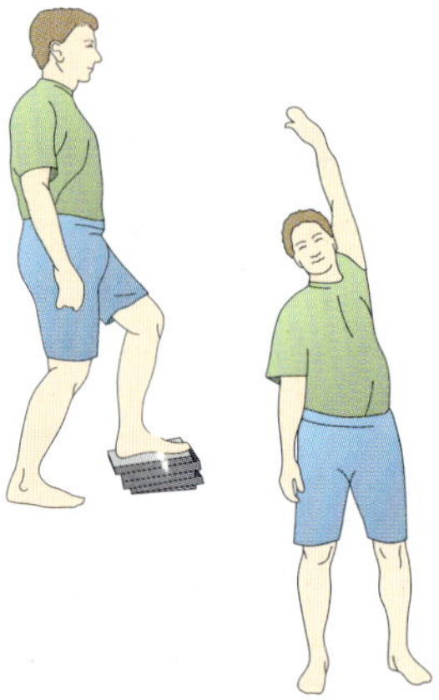

▶ Dehnung des Rückens: Spannen Sie das Gesäß leicht an, schieben Sie das Becken nach vorn, und rollen Sie gleichzeitig den Oberkörper langsam ein.

▶ Dehnung der Hüften: Stellen Sie sich mit dem Rücken zu einem Stuhl auf. Heben Sie den Unterschenkel eines Beins hoch, und legen Sie ihn auf die Sitzfläche. Spannen Sie das Gesäß an, und schieben Sie die Hüften nach vorn. Nicht ins Hohlkreuz fallen. Benützen Sie aus Gründen der Sicherheit einen ganz normalen Stuhl ohne Rollen und ohne drehbare Sitzfläche.

▶ Kräftigung von Bauch und Hüften: Lehnen Sie sich gegen eine Wand. Heben Sie ein Bein soweit an, dass Ober- und Unterschenkel einen rechten Winkel bilden. Mit beiden Händen drücken Sie gegen den Widerstand des Beins auf den Oberschenkel. Halten Sie die Spannung einige Sekunden lang, und wechseln Sie dann das Bein.

▶ Kräftigung von Rücken und Po: Strecken Sie einen Arm und das gegenüberliegende Bein, ohne dabei ins Hohlkreuz zu fallen. Die Gliedmaßen lockern und mit der anderen Seite üben.

▶ Kräftigung der Beininnenseiten: Heben Sie ein Bein etwas zur Seite an, und drücken Sie fest gegen den Oberschenkel. Lösen Sie die Spannung nach einigen Sekunden, und üben Sie mit dem anderen Bein.

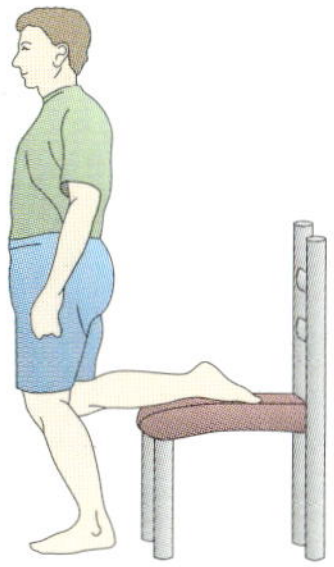

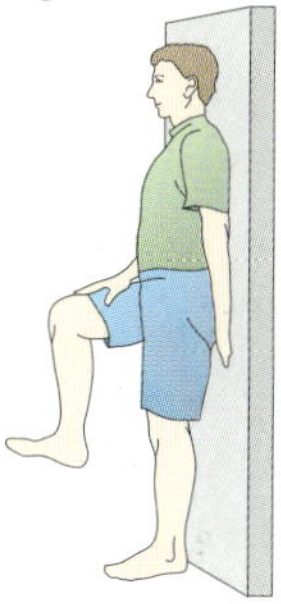

Viele gymnastische Übungen, wirken erst richtig, wenn der Rücken gerade bleibt. Krümmt man die Wirbelsäule oder drückt sie zu sehr durch, kommt es zu einer Fehlbelastung. Häufig lässt sich dies durch die Haltung der Arme und Hände besser umgehen.

Ob Bälle, Bänder oder ein Handtuch – kleine Hilfsmittel sind bei der Rückengymnastik sehr beliebt.

Weitere Übungen

Übungen mit dem Fitnessband

Ein Fitnessband sieht unscheinbar aus, passt in jede Handtasche und ist dennoch eines der besten Fitnessgeräte für die Muskulatur. Ob es nun als Power-, Stretch- oder Theraband verkauft wird, sie bekommen immer ein aus Latex hergestelltes, äußerst elastisches Naturprodukt. Treffend beworben wird es auch als Fitnessstudio im Hosentaschenformat. Mittlerweile sind Fitnessbänder in vielen Kaufhäusern und Sportgeschäften erhältlich. Diese preiswerten Fitnessgeräte zeichnen sich durch eine besondere Materialeigenschaft aus. Diese bewirkt, dass sich bei gleichmäßigem Auseinanderziehen des Bands auch sein Widerstand gleichmäßig erhöht.

Vorteile des Fitnessbands

Sie können mit dem Fitnessband sowohl sehr gezielt einzelne Muskeln trainieren als auch ganze Muskelgruppen. Viele Übungen, für die normalerweise ein Partner benötigt wird, lassen sich mit dem Theraband auch allein durchführen. Auch bei neurologischen Schäden (z. B. nach Bandscheibenvorfällen) ist das Band in vielfältiger Weise optimal einsetzbar.

Das Band ab und zu mit Talkum, Baby- oder Körperpuder bestäuben, dann bleibt es geschmeidig und klebt nicht zusammen. Direkte Sonneneinstrahlung vermeiden. Schmuckstücke, lange Fingernägel oder Schuhkanten können Risse verursachen.

Das richtige Fitnessband auswählen

Fitnessbänder gibt es in verschiedenen Farben, von weiß bis schwarz. Je dunkler die Farbe, desto stärkeren Widerstand leisten sie. Ein weißes oder gelbes Band ist deshalb ideal für die kleinen Gelenke, das schwarze Band sollten nur sehr kräftige und sportlich trainierte Menschen benutzen. Anfänger entscheiden sich besser für ein gelbes oder rotes Fitnessband. Die ideale Bandlänge beträgt etwa zwei Meter.

Der richtig Umgang mit dem Band

- In der Ausgangsstellung sollte das Band bereits leicht gedehnt sein. Dadurch entsteht in der Muskulatur eine leichte Vorspannung, die die Gelenke vor Überlastung schützt.
- Führen Sie alle Bewegungen fließend und in einem konstanten Tempo durch.
- Achten Sie auf eine sichere Befestigung des Bands. Halten Sie Ihre Handgelenke gerade. Wickeln Sie das Band möglichst breitflächig um Körperteile.
- Wiederholen Sie die einzelnen Übungen jeweils 15- bis 20-mal.
- Machen Sie nach einer solchen Serie etwa 30 Sekunden Pause.
- Beginnen Sie mit drei oder vier Serien, und steigern Sie sich im Lauf der Zeit.
- Üben Sie nach Möglichkeit vor einem großen Spiegel. So können Sie die exakte Ausführung gewährleisten.

Wenn Sie noch nie mit einem Fitnessband umgegangen sind, kann es sein, dass Sie zunächst mit Muskelkater reagieren. Hält dieser an, benötigen Sie eventuell ein Band mit weniger Widerstand.

Training für die Beine

Stellen Sie sich aufrecht mit beiden Füßen auf die Mitte des Bands. Die beiden Enden bis zur Hüfte hochziehen. Während Sie das Band unter Spannung halten, heben Sie abwechselnd die Beine an.

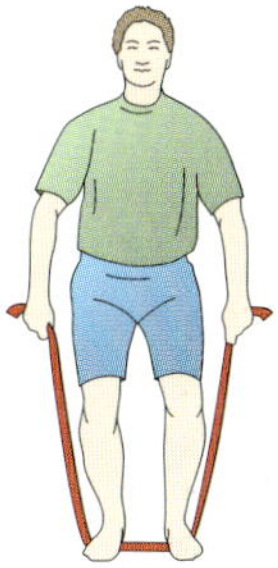

Training der Rumpfmuskulatur

Sie stehen aufrecht mit leicht gegrätschten Beinen. Stellen Sie einen Fuß auf ein Bandende, und ziehen Sie das andere Ende mit der gegenseitigen Hand diagonal nach oben. Schauen Sie Ihrer Hand hinterher. Lassen Sie auf dem Rückweg das Band nicht plötzlich los, sondern führen Sie es gefühlvoll in die Ausgangsposition zurück.

Training der Arm- und Schultermuskulatur

Stellen Sie sich mit leicht gegrätschten Beinen und aufrechtem Rücken hin. Strecken Sie nun einen Arm nach oben, den anderen halten Sie gebeugt auf dem Rücken. In den Händen halten Sie das leicht gespannte Band. Ziehen Sie nun das Band hinter Ihrem Rücken auseinander, bis beide Arme gestreckt sind.

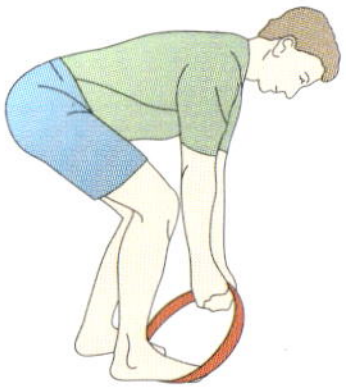

Übung für die seitliche Rumpfmuskulatur

Sie stehen mit leicht gebeugten Knien in der Grätsche, ein Fuß fixiert die Bandschlinge. Neigen Sie den Oberkörper, und fassen Sie das Band nah am Fuß. Bewegen Sie nun den Oberkörper zurück in die aufrechte Position, und halten Sie die Spannung des Bands einen Augenblick, bevor Sie langsam wieder nachgeben.

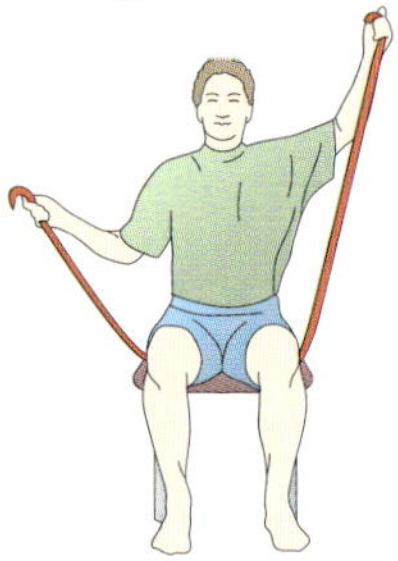

Training der Rumpfmuskulatur, Mobilisation der Lendenwirbelsäule

Für diese und die folgenden drei Übungen benötigen Sie einen bequemen Stuhl. Setzen Sie sich auf das Band, fassen Sie die beiden Enden, und heben Sie die Arme, so dass das Band leicht gespannt ist. Schieben Sie wechselweise die Arme nach oben, und heben Sie gleichzeitig die entgegengesetzte Gesäßseite an.

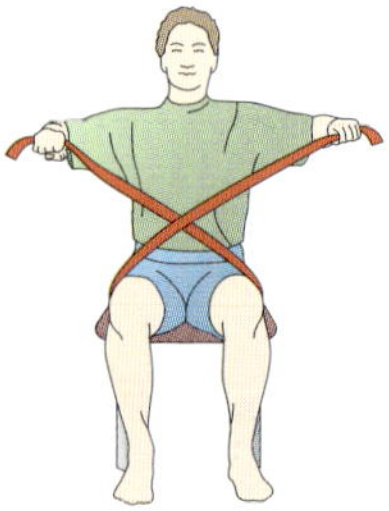

Training der Aufrichtemuskulatur

Setzen Sie sich mit den Oberschenkeln auf das Band, und halten Sie es so in den Händen, dass es sich überkreuzt. Heben Sie die leicht gebeugten Arme an, während Sie dabei den Oberkörper strecken. Bei der zurückführenden Bewegung des Oberkörpers lassen Sie die Arme locker. Beugen und Strecken sollen in einem langsamen und harmonischen Bewegungsablauf erfolgen.

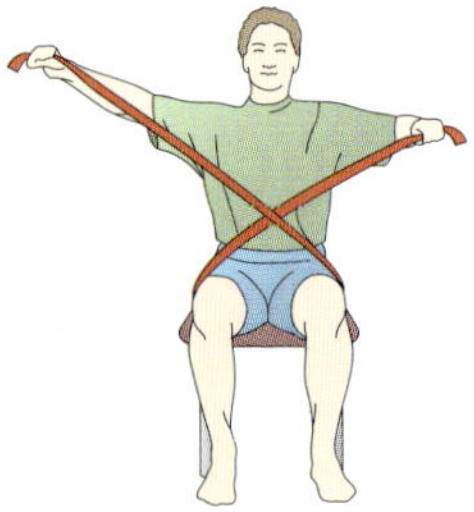

Training der Rumpfmuskulatur

Setzen Sie sich mit den Oberschenkeln auf das Band, und halten Sie es über Kreuz in den Händen. Richten Sie den Oberkörper auf, und halten Sie das Band unter leichter Spannung, indem Sie die gebeugten Arme seitlich abspreizen. Drehen Sie nun Oberkörper und Arme abwechselnd nach rechts und nach links. Achten Sie dabei auf Ihre aufrechte Haltung.

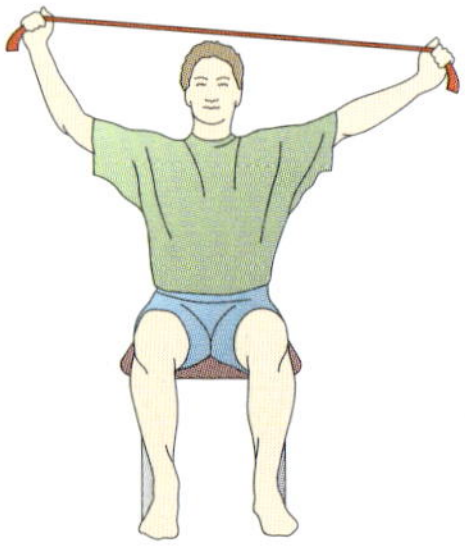

Training der Schultergürtelmuskulatur

Nehmen Sie aufrecht sitzend das Band in die Hände, und halten Sie es unter Spannung hinter dem Kopf. Führen Sie beide Arme abwechselnd in die Beugung und in die Streckung, ohne die Spannung des Bands zu verlieren.

Training der Rumpf- und Extremitätenmuskulatur

Sie liegen seitlich auf dem Boden und halten das Band vor dem Körper in den Händen. Stützen Sie sich auf dem Unterarm ab, und heben Sie das Becken, bis der Körper eine Linie bildet. Strecken und beugen Sie den Ellbogen des oberen Arms, und spannen Sie damit das Band.

Zur Steigerung der Übungsintensität kann am Ende der Bewegung über einige Sekunden eine isometrische Spannung gehalten werden.

Training der Rückenmuskulatur

Sie befinden sich in Rückenlage, die Mitte des Bands liegt um einen Fuß. Die Bandenden fixieren Sie mit den Händen neben dem Körper auf dem Boden. Strecken und beugen Sie nun das Bein, an dem das Band ist. Zur Verstärkung dieser Übung kann auch der seitengleiche Arm mit dem Band gehoben und ausgestreckt werden, aber nur so weit, bis Arm und Bein mit dem Rücken eine Linie bilden. Geben Sie der Spannung langsam nach, und wechseln Sie nach ein paar Wiederholungen die Seite.

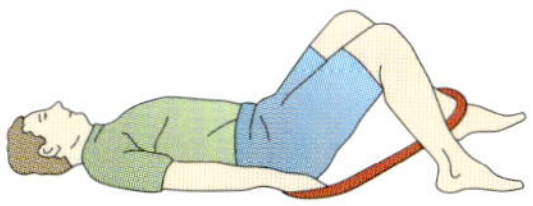

Training der Gesäßmuskulatur

Sie liegen auf dem Rücken, die Beine sind angestellt. Ziehen Sie ein Knie hoch, und legen Sie das Band darüber. Die Bandenden halten Sie mit den Händen am Boden fest. Heben Sie Ihr Becken, bis die Hüfte mit Rücken und Oberschenkel eine Linie bildet. Senken Sie das Becken im Anschluss wieder langsam ab.

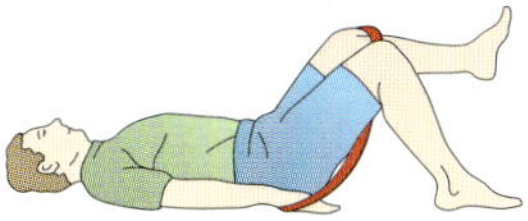

Training der Bauchmuskulatur

Heben Sie in der Rückenlage die Beine nacheinander gebeugt an, und legen Sie das Band über beide Knie. Die Bandenden werden mit den Händen am Boden festgehalten. Schieben Sie die Knie minimal nach oben, so dass Ihr Becken leicht vom Boden abhebt.

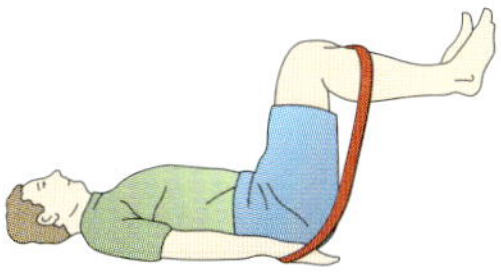

Training der Fußheber

Für diese Übung dürfen Sie sich ausnahmsweise ins Bett legen. Verknoten Sie das Band an einem Bettpfosten. Stecken Sie in Rückenlage einen Fuß in die kurz gebundene Schlaufe, und ziehen Sie nun den Vorfuß in Richtung Kopf, das Bein bleibt dabei durchgestreckt. Anschließend üben Sie mit dem anderen Fuß.

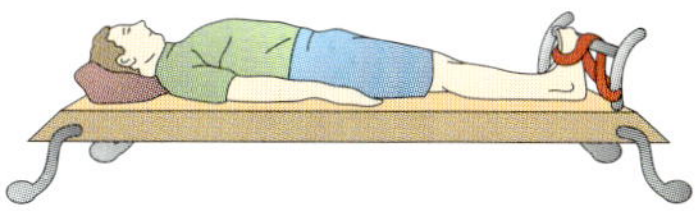

Übungen mit dem Gymnastikball

Der Sitzball hat die korrekte Größe, wenn Sie beim geraden Sitzen mit der gesamten Fußsohle sicheren Bodenkontakt haben.

In vielen Büros und Klassenzimmern sieht man sie bereits als alternative Sitzgelegenheiten: die farbenfrohen Fitness- oder Gymnastikbälle. Die federnden Kugeln erziehen zu einer besseren Sitzhaltung als herkömmliche Sitzmöbel, weil sie das dynamische Sitzen fördern. Bei jeder Tätigkeit muss nämlich der Ball mit Beinen, Po und Rückgrat unter Kontrolle gehalten werden. Diese ständigen Bewegungen verhindern einen dauerhaften, einseitigen Druck auf die Bandscheiben.

Richtiges Sitzen auf dem Ball

Helfen kann der Ball nur, wenn Sie ihn richtig benutzen. Wenn Sie sich lediglich auf den vorderen Bereich des Balls setzen, laufen Sie Gefahr, dass das Becken kippt. Dadurch nehmen Sie zwar eine scheinbar bequeme, leider aber ungesunde Hohlkreuzhaltung ein. Je mehr die Sitzposition auf den Pol des Balls verlagert wird, desto leichter ist es, das Becken aufzurichten. Optimal ist ein Hüft- und Kniewinkel von jeweils ca. 110 Grad. Das erreicht man aber nur bei der richtigen Ballgröße. Hier lautet die Faustregel: kleine Leute – kleiner Ball, große Leute – großer Ball.

Richtiger Umgang mit dem Sitzball

Körpergröße	Balldurchmesser
Bis ca. 145 cm	45 cm
Bis ca. 155 cm	55 cm
Bis ca. 175 cm	65 cm
Über 175 cm	75 cm

- Zum Aufblasen am besten eine Fußpumpe (Luftmatratzenpumpe) benutzen.
- Neue Bälle nicht sofort auf die volle Größe aufpumpen. Die Dehnfähigkeit ist erst nach ein paar Tagen erreicht.
- Den Ball auch später nur bis zur angegebenen Größe aufpumpen, sonst kann er platzen. Der Ball trägt ein Gewicht von bis zu 300 Kilogramm.
- Vorsicht vor spitzen Gegenständen oder Hitzeeinstrahlung!

Erste Bekanntschaft mit dem Ball

Dass der Fitnessball auch ein ausgezeichnetes Gymnastikgerät zur Vermeidung und Behandlung von Rückenproblemen ist, wollen wir Ihnen hier zeigen. Die Übungen dienen sowohl der Kräftigung der Muskulatur als auch der Entspannung.

- Erkunden Sie zunächst durch Beckenbewegungen Ihren Bewegungsspielraum im Sitzen nach vorn, nach hinten und zur Seite.
- Lassen Sie Ihre Füße so weit wie möglich zur rechten und zur linken Seite wandern, und halten Sie dabei den Rücken gerade.
- Krabbeln Sie mit den Füßen so weit wie möglich nach vorn und wieder zurück.

Es gibt auch Bälle mit kleinen Füßchen, die das Balancieren für Anfänger etwas einfacher machen. Sie haben allerdings den Nachteil, dass sie sich nicht für alle Gymnastikübungen eignen.

Ernährung der Bandscheiben

Setzen Sie sich aufrecht auf den Ball, beide Füße bleiben fest am Boden. Beginnen Sie, auf dem Ball leicht und beschwingt zu wippen, ohne die aufrechte Haltung zu verlieren. Der Wechsel von Be- und Entlastung verbessert die Versorgung der Bandscheiben mit Nährstoffen, die verkrampften Muskeln lösen sich. Nach einem anstrengenden Tag ist das eine wunderbare Entspannungsübung.

Kräftigung der vorderen Oberschenkel

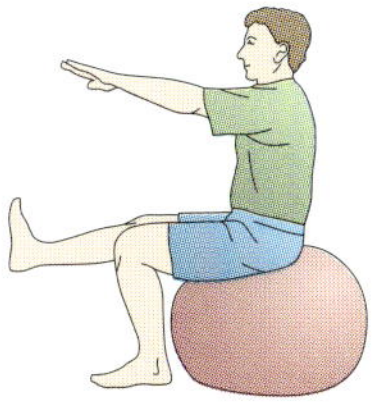

Sie sitzen aufrecht auf dem Ball und lassen die Arme seitlich hängen. Strecken Sie abwechselnd ein Bein nach vorn. Der Rücken bleibt die ganze Zeit aufrecht. Wenn Sie anfangs noch unsicher sind und der Ball zu sehr wackelt, stabilisieren Sie ihn mit den Händen. Leichtes Wippen erschwert die Übung. Wenn Sie sich sicher fühlen, heben Sie gleichzeitig mit dem Bein den entgegengesetzten Arm nach vorn.

Kräftigung der Bauch- und Rückenmuskulatur

Sie sitzen aufrecht auf dem Ball, beide Füße stehen fest am Boden. Der Oberkörper wird vorgeneigt, dabei rollt der Ball leicht nach hinten, die Zehen lösen sich vom Boden. Wird der Oberkörper zurückgeneigt, rollt der Ball leicht vor, die Fersen lösen sich. Der Blick ist immer nach vorn gerichtet, der Rücken bleibt die ganze Zeit gerade.

Mit dieser Übung kräftigen Sie speziell Ihre rückwärtige Beinmuskulatur: In der Rückenlage wird der Gymnastikball mit den Waden abwechselnd heruntergedrückt.

Kräftigung Oberschenkelrückseite und Gesäßmuskulatur

Wandern Sie mit den Füßen aus dem Sitz Schritt für Schritt nach vorn, bis nur noch der Schultergürtel auf dem Ball aufliegt. Versuchen Sie, das Becken so in der Luft zu halten, dass die Hüfte ganz gestreckt ist. Steigerung: Mit den Füßen auf der Stelle marschieren, abwechselnd ein Bein ausstrecken.

Kräftigt den Schulterbereich: Legen Sie sich mit dem Bauch über den Ball, die Beine stützen sich am Boden ab. Die Arme strecken und, ähnlich wie beim Kraulschwimmen, im Wechsel gegengleich nach vorn und hinten heben.

Kräftigung Schultergürtel

▶ Legen Sie sich mit dem Bauch auf den Fitnessball, die Zehen berühren den Boden. Strecken Sie die Arme nach hinten, um das Gleichgewicht zu halten. Heben Sie nun den Kopf an, bis Sie eine leichte Spannung in Schultern und Rücken spüren. Halten Sie die Spannung 10 bis 15 Sekunden. Sinken Sie anschließend entspannt über dem Ball nieder. Wiederholen Sie die Übung mehrmals.

Gleichgewichtsschulung und Einsatz der Bauchmuskulatur

Diese Übung ist für Fortgeschrittene. Sorgen Sie dafür, dass Sie beim eventuellen Abrutschen weich fallen.

Legen Sie sich bäuchlings auf den Ball, und stützen Sie sich vorn mit beiden Händen ab. Ziehen Sie die Knie mit dem Ball unter den Bauch.

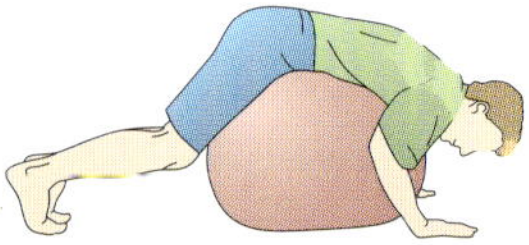

Kräftigung der Rückenmuskulatur

Legen Sie sich wieder bäuchlings auf den Ball, und stützen Sie sich vorn mit beiden Händen ab. »Laufen« Sie nun mit den Händen vorwärts, bis nur noch die Oberschenkel auf dem Ball aufliegen. Die Beine sind gestreckt. Steigerung: Strecken Sie abwechselnd einen Arm in Verlängerung der Körperlängsachse aus.

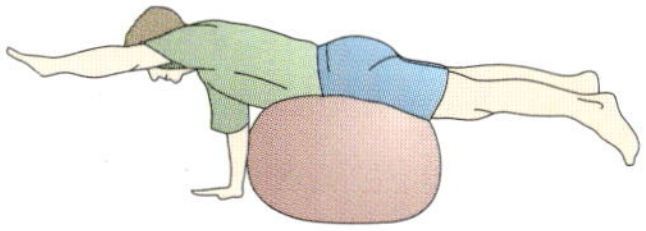

Kräftigung der rückwärtigen Beinmuskulatur

Legen Sie sich mit dem Rücken auf den Boden, und lagern Sie die Unterschenkel auf dem Ball. Rücken und Po sollten fest aufliegen, Ober- und Unterschenkel bilden einen Winkel von 90 Grad oder leicht darüber. Abwechselnd drücken Sie die Waden fest auf den Ball. Atmen Sie dabei tief ein und aus.

Übungen im warmen Wasser

Wann immer Sie die Möglichkeit haben: Gehen Sie ins Schwimmbad! Genauer gesagt: Gehen Sie ins warme Wasser eines Bewegungsbads. Es gibt keine bessere Medizin gegen Rückenprobleme als Wassergymnastik. Sie ist die ideale Ergänzung – nicht Alternative! – zu unseren Trockenübungen. Schon beim langsamen Hineingleiten ins Wasser verspüren Sie die Leichtigkeit, die Ihr Körper annimmt, das herrliche Gefühl der Schwerelosigkeit. Dass alle Last von uns abzufallen scheint, verdanken wir dem Auftrieb. Er funktioniert nach dem bekannten archimedischen Prinzip: Jeder Körper verliert scheinbar so viel an Gewicht, wie die von ihm verdrängte Flüssigkeit wiegt. D.h.: Wenn Ihnen das Wasser bis zum Hals steht, haben Sie bereits 90 Prozent Ihres Gewichts »abgeschüttelt«. Nur unter dieser Entlastung dürfen übrigens viele Frischoperierte ihre kranken Gelenke bewegen.
Vergessen Sie getrost die Gesetze der Physik, und geben Sie sich ganz der Entspannung hin. Lassen Sie sich einfach an der Wasseroberfläche treiben, indem Sie immer wieder tief einatmen, einige Zeit die Luft anhalten und die Hände als Paddel benutzen. Erst dann beginnen Sie langsam mit Ihrer Gymnastik.

Junge Mütter können den Ball nicht nur dazu nutzen, ihrem Rücken etwas Gutes zu tun, das sanfte Wippen beruhigt auch quengelnde Kleinkinder und lässt sie leichter einschlafen.

Nützliche Tipps für die Wassergymnastik

- Ideal ist ein Bewegungsbad mit einer umlaufenden Haltestange am Beckenrand.
- Die Wassertemperatur sollte 32 bis 33 °C betragen; wärmeres Wasser würde Herz und Kreislauf zu sehr belasten.
- Suchen Sie sich für die Übungen ruhige Zeiten aus.
- Die Zeit-, Entfernungs- und Wiederholungsangaben in den Übungen sind Richtwerte, an denen Sie sich orientieren können. Was und wie viel Ihnen gut tut, kommt auf Ihre jeweilige Verfassung an. Das kann mal mehr, mal weniger sein.
- Legen Sie genügend Pausen ein. Füllen Sie die Pausen mit lockernden Bewegungen, z. B. mit Ausschütteln der Arme, der Beine und des Schulterbereichs.
- Entdecken Sie das Kind in sich, und spielen Sie. Mit einem Ball und einem Partner machen Wasserspiele doppelt so viel Spaß.

Viele Schwimmbäder bieten neben einem großen Becken mit warmem Wasser auch Whirlpools, Massagedüsen und andere Annehmlichkeiten, die den geplagten Rücken ebenfalls angenehm verwöhnen.

Vorbereitende Übungen

- Gehen Sie mit langen Schritten und betontem Armeinsatz durchs Wasser. Nach acht bis zehn Metern machen Sie 20 bis 30 Sekunden Pause. Wiederholen Sie die Wasserwanderung vier- bis sechsmal.
- Beim Vorwärtsschreiten rollen Sie den Fuß bewusst von den Zehen bis zur Ferse ab, in den Knien leicht federn. Legen Sie auf diese Weise zwei- bis viermal sechs bis acht Meter zurück, und gönnen Sie sich zwischendurch 20 bis 30 Sekunden Pause.
- Gehen Sie zügig mit betontem Armeinsatz rückwärts. Laufen Sie acht bis zehn Meter, bevor Sie 20 bis 30 Sekunden Pause machen. Üben Sie zwei- bis viermal.
- Laufen Sie federnd und mit weit durchschwingenden Armen. Auch bei dieser Übung gehen Sie zwei- bis viermal acht bis zehn Meter mit jeweils kurzen Pausen.
- Wechseln Sie ab zwischen Laufen und Gehen mit Armeinsatz. Legen Sie sechs- bis achtmal sechs bis acht Meter zurück. Dazwischen gönnen Sie sich jeweils 20 bis 30 Sekunden Pause.

Übungen für den Arm- und Schulterbereich

▶ Sie stehen etwas gegrätscht und mit leicht gebeugten Knien bis zum Hals im Wasser. Sie führen die Arme dicht unter der Wasseroberfläche vor und zurück und halten dabei das Gleichgewicht. Führen Sie diese Übung 12- bis 20-mal aus.

▶ In der gleichen Stellung führen Sie die Arme unter Wasser vor dem Körper von links nach rechts und zurück (12- bis 20-mal).

▶ Drücken Sie das Wasser mit nach vorn gerichteten Handflächen zügig weg. Führen Sie dabei dem Boxen ähnliche Handbewegungen aus. Nach 20-mal machen Sie 20 bis 30 Sekunden Pause. Wiederholen Sie diese Übung zwei- bis viermal.

▶ Drücken Sie die Arme mit geöffneten Händen unter Wasser kräftig nach hinten, und führen Sie sie locker zurück. Üben Sie jede Seite acht- bis zwölfmal.

▶ Legen Sie die Hände auf den Beckenrand, gehen Sie in die Knie, und schnellen Sie mit gestrecktem Oberkörper so weit wie möglich aus dem Wasser. Das üben Sie 10- bis 14-mal.

Übungen im Wasser sind anstrengend, auch wenn einem das nicht so vorkommt. Überfordern Sie sich am Anfang nicht, und nutzen Sie die Ruheräume, um zwischendurch eine Pause einzulegen.

Übungen für den Hüft- und Beinbereich

▶ Heben Sie 10- bis 20-mal die Beine im Wechsel seitwärts über Ihre nach unten ausgestreckte Hand.

▶ Laufen Sie auf der Stelle, und ziehen Sie die Unterschenkel 20- bis 30-mal so weit wie möglich zum Po.

▶ Mit den Händen stützen Sie sich am Beckenrand ab und laufen auf der Stelle; ziehen Sie dabei die Knie so hoch wie möglich. Üben Sie 20- bis 30-mal.

▶ Im Stehen ein Bein leicht anheben und es viermal nach vorn und nach hinten schwingen lassen. Gehen Sie drei Schritte vorwärts, und üben Sie mit dem anderen Bein. Die Übung pro Seite drei- bis viermal durchführen.

▶ Kosakentanz: Breiten Sie Ihre Arme seitwärts aus, gehen Sie etwas in die Hocke, und schwingen Sie die Beine 20- bis 30-mal im Wechsel weit nach vorn.

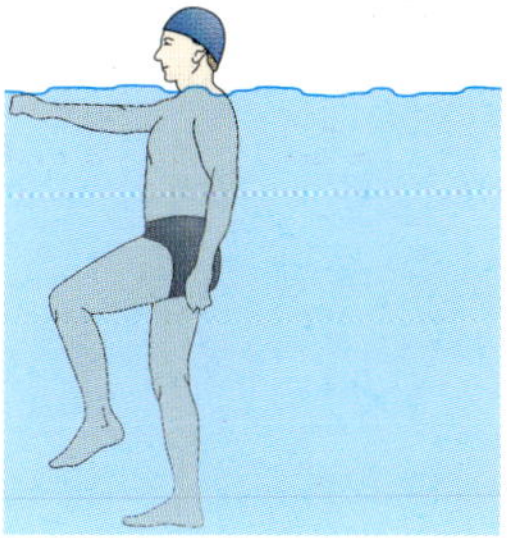

Übungen für den Rumpfbereich

▶ Körperwelle am Beckenrand: Legen Sie die Hände auf den Beckenrand, und schwingen Sie im Stehen 10- bis 14-mal den Unterkörper nach vorn und nach hinten.

▶ Halten Sie sich am Beckenrand fest, die Beine stehen geschlossen auf dem Boden an der Wand. Ziehen Sie den Körper mit den Armen nach vorn, und lassen Sie ihn seitwärts mal nach rechts, mal nach links fallen. Üben Sie 10- bis 16-mal.

Die Wärme des Wassers fördert die Beweglichkeit, und sein Auftrieb ermöglicht es auch übergewichtigen Personen, Gymnastikübungen auszuführen, ohne gleich aus der Puste zu kommen.

Weitere Wasserübungen

▶ Ausgangsstellung: Rücken Sie so weit vom Beckenrand ab, dass Sie im Zehenstand die Haltestange mit gestreckten Armen gerade noch erreichen. Die Hände umfassen die Stange in Schulterbreite. Die Beine sind nach hinten gestreckt und geschlossen, die Füße stehen parallel.

▶ Ausführung 1: Bauch und Po sind angespannt, Rücken und Kniegelenke werden gestreckt. Unter Spannung heben Sie den gestreckten rechten Arm etwa 15 Zentimeter an, wobei Sie die Hand senkrecht halten und aus dem Schultergelenk heraus gegen einen gedachten Widerstand nach vorn drücken. Vermeiden Sie es, ins Hohlkreuz zu gehen, und behalten Sie die Spannung bei.

▶ Ausführung 2: Unter Spannung das linke Bein etwa 20 Zentimeter gestreckt anheben. Die Zehen anziehen und die Ferse Richtung Boden drücken. Achtung: Kein Hohlkreuz machen, Spannung halten.

▶ Ausführung 3: Bauch und Po anspannen. Den rechten Arm strecken Sie gegen einen gedachten Widerstand nach vorn, gleichzeitig heben Sie das gestreckte linke Bein und drücken die Ferse gegen einen gedachten Widerstand Richtung Boden. Heben Sie Arm und Bein nur etwa 20 Zentimeter an.

▶ Ausführung 4: Bauch und Po sind angespannt. Ziehen Sie das rechte Knie Richtung rechte Brust hoch, und strecken Sie das Bein nach vorn aus. Nun die Zehen anziehen. Senken Sie das Bein gegen den Wasserwiderstand gestreckt in die Ausgangsstellung. Das Standbein bleibt bei dieser Übung gestreckt.

Über den Autor

Ulrich Berger war 25 Jahre lang Ressortleiter verschiedener Zeitschriften. Heute arbeitet er als freier Autor. Nach drei Bandscheibenoperationen wandte er sich intensiv dem Thema »Rückenschmerzen« und deren Behandlung zu.

Literatur

Berger, Ulrich/Stephan, Dr. med. Egbert: Rückenschmerzen wirkungsvoll lindern. Südwest Verlag. 2. Auflage, München 1996

Droste, Miehle, Droste: Krankengymnastik im Wasser. Pfläum Verlag. München 1985

Storm-Kull, Zora Felicia: Fit und Beweglich mit der Rückenschule. Südwest Verlag. München 1997

Danksagungen

An diesem Buch haben viele Experten mitgewirkt. Ein spezieller Dank geht an: Krankengymnastin Martina Martin und deren Ehemann, den Sportmediziner Andreas Martin, Hamburg; Deutscher Verband für Physiotherapie – Zentralverband der Krankengymnasten/Physiotherapeuten (ZVK); Bundesverband Deutsche Schmerzhilfe e.V.; Barmer Ersatzkasse (BEK); Deutsche Angestellten Krankenkasse (DAK); Aktion Gesunder Rücken e.V.; die Physiotherapeuten Karl Beilfuß, Eckhardt Böhle, Jörg Droese, Martina Froneberg, Kitty Hartmann, Anette Holly, Helge Landschultz, Lutz Meissner, Jutta Möllmann, Achim Rößler, Günter Wolf.

Hinweis

Bildnachweis

Bavaria, Gauting: 6 (FPG), 17 (Stock Image), 43 (B.P.); Bilderberg, Hamburg: 5 (nonstock), 18 (Milan Horacek); Jump, Hamburg: 69 (Kristiane Vey), 90, U4 (N.N.); Mauritius, Mittenwald: 1 (Stock Shop), 13 (JIRI), 15 (Phototake), 33 (C.C. Production), 38 (Enzinger); Pasieka Alfred, Hilden: U1; Südwest Verlag, München: 46, 75, 84 (Astrid Eckert), 55 (Michael Nagy), 62, 83 (2) (F. Faltermaier); alle Illustrationen stammen von Theiss Heidolph

Impressum

Redaktion:
Dr. Judith Schuler
Projektleitung:
Susanne Garte
Redaktionsleitung und medizinische Fachberatung:
Dr. med. Christiane Lentz
Bildredaktion:
Sabine Kestler
Produktion:
Manfred Metzger
Umschlag:
Till Eiden
Layout:
Wolfgang Lehner
DTP/Satz:
Reiner Löb
Druck:
Color-Offset, München
Bindung:
R. Oldenbourg, München

Printed in Germany

Gedruckt auf chlor- und säurearmem Papier

ISBN 3-517-07688-0

Register